NF文庫
ノンフィクション

敵機に照準

弾道が空を裂く

渡辺洋二

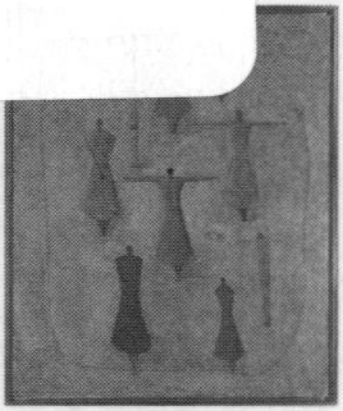

潮書房光人社

敵機に照準——目次

敵機に照準

弾道が空を裂く

ハイティーンが見た乙戦隊

――「雷電」で飛ぶ人間模様

飛行訓練にかかる以前の、地上での基礎教育の期間にある兵搭乗要員を飛行予科練習生、略して予科練と呼ぶ。高等小学校卒業の学力が条件の乙飛予科練の期間を、二年半から一気に半年に縮めた乙種飛行予科練習生〔特〕、略して特乙の制度を新設。乙飛志願者のうち十六・五歳以上の年長者から選抜した。

特乙は、海軍の年期が短いため異端視されたが、若さがもたらす柔軟な適応力により、入隊から一年あまりのちには飛行練習生教程も終えて、実施部隊に着任する。速《すみ》やかに下級搭乗員を得られる点で、この制度は正解であり、間違いなく成功を見た。

昭和十八年（一九四三年）四月に一五八五名が入隊の特乙一期、六月に六二五名が入隊の二期のどちらもが、五割前後の戦没率を記録する。この数字からだけでも、彼らの奮戦苦闘の日々を想像できよう。その実証の一例に、二期の一人の視野にとらえられた防空戦闘機部隊の実情をつづってみた。

開隊前後の三五二空で

乙飛予科練を志願したはずが、別立てで試験を受けて、耳なれない特乙二期生合格を通達され、昭和十八年六月初めに山口県東端にある岩国航空隊に入隊した、十七歳の松尾慶一《けいいち》二等飛行兵。早くもこの年の十一月中旬に予科練教程を卒業して、台湾の高雄空で飛練における中間練習機の教程に入った。まもなく同空の台中分遣隊に移り、ここで中練教程を終えて、台南空での実用機教程へ進む。

台南空で複葉の九〇式艦上戦闘機を見せられ、「こんな古くさいのでやるのか」と意気消沈したが、訓練機は九六艦戦と分かってホッとした。新機材を望むこの気持ちが、若さの特徴と言えるだろう。

特殊飛行から編隊機動までひととおりの科目を九六艦戦で終え、零戦を二〜三時間だけ経験して十九年六月に第三十五期飛練を修了。彼らより海軍入隊が八ヵ月早い甲飛十一期、一年半も早い乙飛十七期よりも、先に実施部隊の搭乗員の地位を得る。予科練期間がむだとは言えないが、早期の戦力化を可能にする特乙を、戦局が望んでいた。

松尾上等飛行兵が同期生三名とともに、七月初めに長崎県大村基地にやってきたとき、部隊の名はまだ佐世保空・大村分遣隊（別称・佐空戦闘機隊。本隊の佐空は水上機部隊）で、部

任務は零戦の錬成と佐世保鎮守府管区の防空にあった。中国大陸奥地のB－29の北九州爆撃と、マリアナ諸島サイパン島の陥落まぢか（B－29の基地化）により、後者の防空戦闘機部隊への改編が進みつつあるころだった。

まだ佐空・大村分遣隊の装備機は零戦ばかり。それも古い二一《にいいち》型が多く、三二《さんにい》型、二二《にいにい》型が少数で、第一線機の五二《ごおにい》型は見当たらなかった。訓練を命じられた松尾上飛は、翼面荷重が小さくて楽に乗れる、二一型での慣熟飛行を開始する。

八月一日付で佐空・大村分遣隊は改編され、第三五二《さんごおふた》航空隊として独立した。三〇〇番台は局地戦闘機と夜間戦闘機を装備する防空部隊だ。飛行隊長は飯塚雅夫大尉から神崎《かんざき》国雄大尉にかわり、昼間戦闘機の分隊長に次席の杉崎直《なおし》大尉が補職された。

神崎大尉は先任下士官の名原安信上飛曹とともに、新たに導入する「雷電」の講義と操縦訓練を、七月に厚木基地の三〇二《さんまるふた》空で受けていた。とはいえトップとしては、機数が多い零戦の甲戦隊の指揮を担当するのが順当で、まだ少数の「雷電」の乙戦隊は杉崎大尉が率いるように処置がなされた。

草薙《くさなぎ》部隊と別称が付いた三五二空が、初交戦に至ったのは八月二十日。このときは甲戦隊と「月光」の丙戦隊だけで、可動機が皆無の乙戦隊は出られなかった。十月二十五日には乙戦隊から二個小隊八機が上がって、杉崎小隊の名原上飛曹がB－29一機に火を、もう一機に煙を吐かせたと報告し、「雷電」の初戦果を上げている。

名原兵曹は神崎飛行隊長とともに、隊内で最初に「雷電」に乗った搭乗員だが、それよりも一年半ちかく前の横須賀空で、試作の十四試局地戦闘機をテストしていた一木《いちき》利之上飛曹が、八月上旬に三六三空から転勤してきた。一木兵曹を区隊（基本は四機）長に加えた邀撃《ようげき》戦は十一月二十一日である。

大村の海軍機生産工場・第二十一航空廠をねらったB－29群は、高度がさして高くなく、乙戦隊から出動した一六機はよく戦った。「雷電」が葬《ほうむ》った三機のうち、一機は一木区隊長の単独撃墜、もう一機は名原区隊長と三宅淳一上飛曹が共同撃墜したものだから、二人の区隊長の優れた技量が知れよう。

この時点で松尾上飛はまだ零戦の操訓中で、作戦出動の搭乗割《わり》（メンバー表）には入っていなかった。

「雷電」、悪くないぞ

八月のある日のこと松尾上飛は、名原上飛曹の部屋に呼び出された。上飛曹は腕は立つが、下級者に意地が悪いと思わせる先任下士官だった。上飛もにらまれていて、重い気分でドアを開けると、室内にいたもう一人の上飛曹がすっと立ち上がって言った。

「松尾さん、同県人なので、この部隊でよろしく頼みます」

松尾上飛はびっくりした。先任下士の部屋にいるなら、二人は同格なのだろう。最下級の搭乗員と言っていい自分に、古参上飛曹が立って敬称、敬語で話しかけるとは！

　このときから、名原先任の対応が一変した。笑顔など見たことがないのに、笑い声をはずませたのだ。これが一木兵曹がいるための態度なのは歴然だ。以後、上飛は生涯の尊敬を一木兵曹に抱き続ける。

　名原兵曹は第四十四期操縦練習生の出身、一木兵曹は二期丙飛予科練だから操練で通算（丙飛予科練は操練の後身）すれば五十八期になる。飛行キャリアが三年半あまり長い名原兵曹が、遠慮をみせたのは、十二年六月という一木兵曹の入団時期、すなわち兵隊のキャリアにあったと思われる。

松尾慶一上飛／飛長。いちばん若い18歳の戦闘機乗りだった。

　それから四ヵ月ほどたった十二月一日付で特乙二期は飛行兵長に進級。まもなく、仲がいい栗栖《くりす》幸雄飛長から「『雷電』へ来んか。『雷電』の方がいいぞ」と誘われた。彼はすでに十一月六日の単機で偵察に来たB-29の邀撃から、杉崎分隊長の区隊の四番機に指名され、不時着大破まで経験していた。

　栗栖飛長は二ヵ月先輩の特乙一期だ。階級からも判然と先任だが、受験はい

第三五二航空隊の指揮所を背にして。左から大西親良少尉、和田六男飛長、西田勇少尉、星野正雄中尉、栗栖幸雄飛長。大西少尉だけは甲戦隊員、ほかは乙戦隊員だ。

っしょで、ただ便宜的に期を分けられた感覚があって、互いに格差をつけないケースが珍しくなかった。三五二空では二期が一期に「おい」と呼びかけるなど、まったく対等の間柄だ。そのうえ松尾飛長が一期だと栗栖飛長は思っていたらしい。

「『雷電』ってそんなにいいのか」

「おお、速度が速いからな」

部隊に一〇名あまりいた一期のうち、乙戦隊へ行ったのは三名だけ。前月から第十三期飛行専修予備学生出身、つまり大学・高等専門学校上がりの予備士官四～五名が、甲戦隊から移ってきたこともあり、特乙の人数を増やしたかったのだろう。「雷電」はトラブルが多くて計器から目を離せず、失速が早くて、後方視界も悪かったけれども。

「雷電」に移るべきか判断しかねた松尾飛長は、十一月に進級した一木飛曹長にたずねた。一木飛曹長の答は「それはいいでしょう」だった。

「空戦には不向きですよ。着陸が難しい。零戦みたいに外だけ（敵機警戒の意）でなく、計器板も見ていないと」。飛曹長の助言で、彼は乙戦隊行きを決意する。

「雷電」の操訓にかかって、ほどなくこの機への警戒心はうせた。零戦よりも強力な武装と速度。確かに油温がすぐに上がるなど難点はあったが、ちゃんと対応すればちゃんと飛ぶ。

射撃には自信があった。吹き流し射撃で二発以上当たらないと、戦地帰り（の搭乗員）から「アゴを食う」（なぐられる）が、一度もやられていなかった。小学三年生のとき空気銃を買ってもらい雀をねらうと、撃った瞬間に命中か否かが分かる特殊な感性を発揮し、おじを驚かせたという。

松尾飛長の初出撃は十二月十八日。済州島の電波標定機（警戒レーダー）から単機を捕捉との情報により、零戦、「月光」とともに「雷電」一五機が出動し、そのうち分隊長・植松真衛《まもる》大尉の四番機を務めたが、会敵しなかった。ふつう四番機は飛行歴の浅い者が担当する。

翌十九日はB－29三六機が二十一空廠などへ投弾した日で、一木飛曹長の区隊の四番機に入って飛んだが、天候不良のため敵を認めずに終わった。その後二十六日、三十日と中西健造中尉の区隊に入ってB－29偵察機を探したけれども、見つけられなかった。

直上方攻撃、直下方攻撃

十二月二十五日、神崎大尉は戦闘第三〇六飛行隊長に補任されて転出し、杉崎大尉が後任飛行隊長として甲戦隊の指揮をとった。かわりに乙戦隊を率いる分隊長は、二十六日に台南

分隊長の青木義博中尉は航空神経症に悩まされながらも、「雷電」搭乗を続行した。

空から転勤の青木義博中尉で、飛練卒業前の松尾上飛（当時）を知り、その能力を見抜いていた。

着任後、時をへず松尾飛長を呼んで「お前は射撃も成績も一番だった。俺の編隊に入れ」と語りかけた。確かに首席として、卒業証書を受ける練習をさせられたが、黄疸《おうだん》で果たせなかったのを青木中尉が覚えていた。

飛長は中尉の内心を聞かされた。「お前は口が堅いから言うが、俺は飛行機が怖《こわ》いんだ」。

操縦や飛行が難しくて恐れるのではない。戦死、殉職と隣り合わせの現状に耐えにくいのだろう。台南空で十月の台湾沖航空戦に上がって、空戦ののち落下傘降下してからとのことだ。この状況と、危険な「雷電」搭乗の日常化によって生じた、航空神経症の一種だったように思われる。

「だいじょうぶです。列機について、絶対に守りますから」

「そうしてくれるとありがたい」

ほかの分隊員には口外しない約束を、飛長は心の中で結んだ。けれども、なぜか邀撃《ようげき》戦の搭乗割で、彼が青木中尉の列機につくことはなかった。

十二月の「雷電」の可動機数は、零戦の二六機（稼働率七六パーセント）に対して一五機ほど（同六八パーセント）。他部隊と比べても、この数字は上出来である。ここに来て乙戦隊は軌道に乗ったと言えよう。飛ぶほどに「雷電」が好きになった松尾飛長は、甲戦隊の同期生を誘ったところ、一人だけ移ってきたが、着陸をミスして乗らなくなり零戦へもどってしまった。

逆落としに迫る直上方攻撃の日本機に対向して、前部胴体上面の12.7ミリ機関銃を真上へ向ける第98爆撃航空群のB－29。

日にちは判然としないが、南から回りこんできた単機のB－29を、葛原《くずはら》豊信上飛曹と捕捉した。高度は互いに七〇〇〇メートル、左へ旋回する敵機に対し、右旋回で前方に出た松尾飛長は、右翼のエンジンに二〇ミリ弾を撃ちこんだ。命中し、金属片が飛散したけれども、火や煙は見えなかった。まっすぐに追撃した葛原上飛曹は、一〇〇〇メートル以内に距離を詰められず、命中弾を得られなかったようだ。

明けて二十年一月六日の敵目標は、またも二十一空廠。午前十時二十分ごろまでに発進を終えた三五二空機のうち、「雷電」は一二機だった。雪雲がおおう大村上空。投弾後に離脱する敵編隊を捕らえた甲、乙戦隊の一部は、直上方からの各個攻撃によって一機を撃墜する。このため編隊が分散し、松尾飛長は味方機と離れた。

単機で帰還中のB－29を見つけて上昇し、高度を六〇〇〇メートルまで稼いで反航戦のかたちで直上方攻撃に入った。反転後、機銃を斉射し続け、尾部の後方へ抜けていく。機首の直前方を抜ければ敵弾は当たりにくいが、射撃時間が短く、タイミング的にも操縦がごく難しい。敵銃座からの一二・七ミリ弾の曳光が周りをすぎる。「雷電」の二〇ミリ弾があけた穴がB－29の巨体に三つできたが、火も煙も出なかった。

機首を起こした高度は四〇〇〇メートルたらず。そのまま上昇してB－29の機首から尾部まで撃ち流す、珍しい直下方攻撃を加える。離脱時に敵の尾部に被弾の跡が見えた。さらに、後下方について第二撃をと思ったとき、敵機から落下傘らしいものが三つ出て、そのまま層雲の中に隠れていった。

先輩のキャリアを吸収

米空母の艦上機群が、沖縄奪取を前提に南九州を襲ったのが三月十八日。このとき三機編成の三番機が、松尾飛長のポジションだった。区隊長に指名された十三期予備学生出身の菊地信夫少尉は、同期の連中が殺人機と呼ぶなかで「零戦よりも『雷電』が好き。乗ってみて、なお好きになった」と公言する「雷電」ファン。一月六日の邀撃戦でB－29と撃ち合って、胴体に大穴二ヵ所、操縦席の防弾ガラスへの被弾に加え、エンジンを射抜かれプロペラが止まった「雷電」で、基地に降りてきた。

ギリギリまで接敵し、突っこんだら被弾を意に介さずガムシャラに、修正なしで突進する。

「自分たちは、なるべくうまい攻撃法を考えるのに。搭乗すると人が変わる。怖さを知らない菊地さんに、ねらわれた相手はかわいそうだ」。こう考える松尾飛長にとって「ふだんは最高にいい人」の少尉は、敬愛するに足る、兄のような上官だった。

昭和19〜20年の冬、青木分隊長の「雷電」二一型を背に、航空図を検討する13期予備学生出身の乙戦隊搭乗員。左から菊地信夫少尉、山本定雄中尉、星野正雄中尉、金子喜代年少尉。

キャリアが浅い十三期予学は、どの部隊でも「雷電」搭乗要員から除かれた。これに反してすべての海軍戦闘機隊で、「雷電」搭乗士官の半分以上を十三期予学出身者が占めるのが、三五二空だけに見られる特徴なのだ。彼らの一人、山本定雄中尉（十二月に進級）も当初は不安を感じたが、すでに「零戦にもどりたくはない。もう『雷電』に乗り続けよう」と意志を固めていた。

三月十八日にはいったん青木分隊長、山本中尉ら「雷電」一〇機が邀撃に上がったが、グラマンF6Fには不利と判断され、五島列島・福江島の小さな飛行場に降りてやりすごした。正解の処置と言えよう。

二月に転勤してきて、乙戦隊に加わった甲木《かつき》清美上飛曹。零式観測機、二式水上戦闘機、「強風」で戦地をめぐり、B-24の撃墜記録も持っていた。陸上機に転科し、零戦、さらに「雷電」に搭乗して内地に帰還。「雷電」はもとより、水戦も基地防空の局戦的要素があったから、対B-29戦を中心に、若い乙戦隊員にとって聞くべき要訣《ようけつ》はたくさんある。

松尾飛長が指揮所の入口で出くわしたのが甲木上飛曹だ。まだボルネオでの体調不良が残っていても、大きな体格、にらまれたら竦《すく》む感じの鷹のような目。「こわいのが来た」が飛長の受けた第一印象だった。

「おい松尾、同県じゃけん頼むぞ」。一木上飛曹（当時）のあいさつとはまた違った、親しみを感じさせた。他地域とのつながりが薄く郷土意識がきわだつ当時は、同じ県の出身者に強い仲間意識をいだくのがふつうなのである。

訓練でも実戦でも、甲木兵曹の腕前は歴然だった。彼がとる主戦法は一撃離脱。実戦で鍛えた抜群の技量を会得しようと「腰巾着《こしぎんちゃく》みたいについてまわった」（松尾さん）。てがら話をまったくしないこの戦地帰りに、戦闘法や緊急対処法を聞く飛長の姿勢が自身の戦果につながり、殉職から遠ざける。

松尾飛長がB-29の邀撃から帰って降着にかかったおり、脚が出なくなった。失速速度まで落とさないよう注意しつつ、問題なく胴体着陸ですべりこんだ。「雷電」の脚は電気駆動で、ヒューズがとんだのが原因とあとで分かった。

二度目の胴着はもっとやっかいだった。甲戦隊との空戦訓練中に、急に前部固定風防が黒く染まり、潤滑油の圧力計の数字がどんどん降下していく。このままでは、遠からずナギナタ（空中でのプロペラ停止）だ。一番機の青木分隊長にバンクで離脱を知らせて、大村基地へ機首を向けた。

「雷電」三一／三三型は風防から前の胴体上面のふくらみをそぎ落とした。永田政利二飛曹が寄りそう。

手を伸ばして前部風防の手前側面をぬぐい、左右へ頭を出して前方を確かめながら降下、胴着した。さいわい発火せず、松尾飛長は無傷だった。

あとで整備分隊士から「よかったな、ペラが止まらないで。完全に（滑油が）抜けていたよ」と伝えられた。整備員が前部胴体内の滑油タンクのキャップを締め忘れ、外板と面一になるカバーだけを閉じたため、中身の全量が排出されてしまったのだ。エンジンが焼き付かずにすんだのは、黒煙が出るまで混合比を濃くして、気筒温度の上昇を防いだからで、これも戦地帰りから教えられた処置だった。

こうした彼流の真剣な耳学問が、「雷電」への不安を消し、自信を深めさせた。粗製ぎみの傾向を否定できない新造機を、厚木基地（高座工廠製）へ三回、三重県鈴鹿の三菱第三製作所へ一～二回、受領に出向いたが、生じた不具合には問題なく対処でき、トラブルなく持ち帰っている。

厚木で受け取った機が二一型なのに対し、鈴鹿の機は前方視界の向上のため、風防を大型化し、カウリングまでの胴体上側面のふくらみをそぎ落とした三一型、三三型だ。この新型の座席に座って「だいぶ見やすくなった」と感じた松尾飛長は、可動風防を開閉するのに、二一型と同様に把手《とって》をにぎって滑らせるほかに、ハンドルで滑車を回してもできる新装置が、新たに付いたのを興味深く感じた。

風防の大型化で把手に力を入れにくくなったことへの対策で、この装置の付加をはっきり覚えている元搭乗員はあまりいない。明瞭な記憶も、若さゆえだろうか。

思いがけなく分隊長に

沖縄戦での日本航空兵力の減耗をはかって、マリアナ諸島のB－29が四月なかばから南九州の航空基地を、一ヵ所につき二〇機前後で空襲し始めた。これに対抗して四月下旬、三〇二空、三三二空、三五二空の「雷電」が鹿屋基地に集結し、「竜巻部隊」と自称して防空戦を展開する。主軸を務めたのは三〇二空だが、合わせて一〇〜一一機を送った三五二空もよく戦った。その全貌はすでに既刊の拙著に記述してある。

南九州防空戦は四月二十七日に始まった。松尾飛長の鹿屋行きは第一陣の七機が出た二〜三日後で、食料や酒を積んだダグラス（零式輸送機）に、栗栖飛長と便乗して到着。

三五二空派遣隊の空中指揮官は青木中尉。松尾飛長に「お前、酒保の番人をしてくれ」と命じたあと、「空戦中に単機になっても、つねに後方の見張りを忘れるな。死ぬなよ」と言ってくれたが、中尉自身は出撃できる心理状態ではなかったようだ。鹿屋派遣隊に加わった菊地少尉も、大村で青木中尉の精神状態に気づき、それが台湾で被墜落下傘降下によるものと、適切に推測していた。

それでも青木中尉は翌二十八日に出撃し、B-29編隊への攻撃を報じた。この戦いの詳細は分からないが、ひるみ怯《おび》える心を叱咤《しった》して出撃するのに、どれほどの気力を要しただろう。精神が肉体を支配する観点から、彼の苦痛は常人の予測を大幅に超えていたはずだ。

機材の不足から、最下級の搭乗員である松尾飛長が搭乗割に入る機会は、すぐには来なかった。五回目の出動になった五月三日、突然にそれが実現した。

他機が発進してかなりたつのに、青木分隊長はまだ出ていなかった。彼は伝令に言付けて、戦闘指揮所にいた飛長を列線の乗機のところへ来させた。

「エンジンがうまくかからんのだ。松尾、代わってくれ」

分隊長の助けにならねばと、このときあるを期していた飛長は、中尉がわたす救命胴衣をすぐ身に付けると搭乗する。ちょうど基地の上空に至ったB－29編隊が、爆弾を投下した。爆煙が上がるなかを滑走し、離陸する。

以後の戦闘命令は聞いていない。高度を取って鹿屋基地の飛行場を見ると、「コ」の下に「×」の定型布板（地上信号）が敷いてある。「他飛行場ニ行ケ」の意味だ。

三五二空の甲戦隊が派遣されている笠ノ原《かさんばら》基地が頭に浮かんだが、ちょっと狭い。もっと手前の串良《くしら》基地が目に入って、ここに決定。うまく着陸して滑走させていくと、三五二空の「雷電」が目に入った。B－29編隊に一撃を加えたのち、先に降りていた和田六男二飛曹である。彼を含む特乙一期は、二日前に飛長から下士官に昇進していた。

和田機の横に乗機を停止させると、和田二飛曹が「お前、ここに止めると飛行場の偉いさんに怒られるぞ」と注意する。そのとき、串良空司令か副長らしい中佐が、笑顔で建物へ手招きした。入ると従兵がコーヒーを運んできて、さらに黒塗りの乗用車で士官舎へ。このとき、不思議な対応の理由が、救命胴衣に白字で「青木分隊長」と書いてあるからと分かった。

士官舎で理由を聞き知った飛曹長に部屋へ入れてもらい、一時間の雑談。また黒い車で串良飛行場にもどって、二人で件《くだん》の中佐に敬礼し「帰ります」と申告ののち、止めてあった「雷電」に乗って帰途についた。

転勤先の居心地《いごこち》さえず

松尾飛長の鹿屋での出動はこの一回だけだった。竜巻部隊の交戦は五月十日で終了し、遠方から来た三〇二空と三三二空の派遣隊員は十六日に帰っていった。すでにB-29の南九州爆撃は終わっていて、鹿屋派遣の意味がなくなった三五二空派遣隊も、ややたった六月三日に大村基地に帰還した。

彼らが鹿屋にいるうちの五月二十五日付で、三五二空は佐世保鎮守府から、三三二空は呉鎮守府から、ともに第七十二航空戦隊司令官の麾下《きか》に編入され、局地防空専任がはずれて、基地を固定しない一般の航空隊と同列にならんだ。さらに、戦力を統合し効率よく運用するため、三五二空の甲、乙戦隊員の転勤を開始した。

乙戦隊員の移るさきは兵庫県の鳴尾基地。松尾飛長のほか、菊地中尉（六月に進級）、甲木上飛曹、栗栖二飛曹ら過半が鳴尾の三三二空へ転勤したが、青木中尉は神経症のゆえか夜戦部隊に変わった三五二空に残り、一木飛曹長は零戦の二〇三空へ移っていく。

鳴尾への飛行は六月八日。松尾機とみなされていた、増槽装備の「雷電」で行くはずだった。海軍は一年半先輩だが、飛練は三ヵ月遅い乙飛十七期の搭乗員（上飛曹）が、自分の「雷電」は増槽が付いていないから（航続力が心配なので）取り替えてほしい、と発進直前の機上で申し込まれ、分隊士からも「替えてやれよ」と言われて、やむなく従った。

七～八機の指揮官は岡本俊章大尉（六月に進級。二〇三空へ転勤）。瀬戸内海の上空を飛んで、姫路沖あたりで大尉の無線電話が松尾飛長の受聴器に入った。「一機たりない。引き返して見てきてくれ」。飛長は岡山沖まで探してみたが、発見できなかった。

数日後、広島県の因島《いんのしま》における上飛曹の墜死が伝えられた。九〇式機上作業練習機に菊地中尉、酒村繁雄上飛曹（甲木兵曹と三八一空から転勤）、松尾飛長に整曹長を加えた四名が乗って、遺骨を受け取りに向かう。

三人とも機練を飛ばすのは初めてだが、操縦できないはずはなく、ジャンケンで負けた酒村兵曹が座席について離陸する。ところが神戸を航過したあたりで彼にマラリアが再発。なんとか予定の倉敷空に降着し、機を整曹長にあずけて、汽車で尾道に到着した。旅館に発熱の酒村兵曹を寝かせたのち、船で因島へ渡る。

農業会（いまの農協）の建物の二階に斎場が設けられていた。中央に飾られた遺影の写真を見て、松尾飛長はギョッとした。自分の顔だったからだ。大破した雷電の機内にあった荷物から島人がアルバムを見つけ、死亡搭乗員の所有品と思い、貼ってあった写真を複写し引き伸ばしたのだ。

のちに墜落の原因が、燃料タンクの切り替えを間違えたためと判定された。そのころ空襲警報がかかっていたので、殉職ではなく、戦死扱いになされたことが、わずかながらも餞《はなむけ》だったと言えようか。

六月十五日付で甲、乙戦隊は解散。三五二空は丙戦だけの部隊に改められ、一〇ヵ月半の

「雷電」運用歴をもつ乙戦隊は、三三二空に吸収された。かねて三三二空では「雷電」と零戦のグループを区分せず、搭乗機も両方をとりまぜて昼戦隊と呼称していた。

陸軍に追随して、海軍も本土決戦準備に移行し、戦力温存をはかって邀撃は控えられた。したがって旧三五二空・乙戦隊員にも、交戦の機会は訪れなかった。松尾飛長は「雷電」で二〜三回上がったが、敵襲から逃れる日本海側への空中避退が目的だった。

鳴尾基地で三三二空の搭乗員が仲間のバレーボールを見物。

どの戦闘機部隊でも、搭乗員たちはバレーボールを楽しんだ。鳴尾基地で士官と下士官兵の対抗戦を見物していた甲木上飛曹が「へたくそ！」と野次ったら、司令の八木勝利中佐が「いま言ったのは誰だ⁉」と大声を上げた。

「こんな航空隊は好かん。ついてこい」。飛長に言って、近くの海軍病院まで付き合わせ、手続きをとってそのまま入院してしまった。以後、敗戦の数日前まで甲木兵曹は入院し続ける。飛長も用事で外出するたびに病室に立ち寄り、「飛ぶときは強制的に俺が連れていく。それまでは乗るなよ」と念を押された。飛長もまた、陰険で口うるさい八木司令が嫌いだった。

三五二空の初代飛行隊長の神﨑大尉は、小柄だが豪快。きびしく訓練する半面で、分けへだてなく部下に接し、最下級で最若年の特乙出身者にもふざけて抱きつくなど、自然に連帯感を作り上げた。他隊から訪れた者が「ハート部隊」（「気分がいい」の海軍用語のハート・ナイスからとった）と形容したほどで、兵搭乗員が士官舎に平気で入り、予学出と海兵出の仲がよく溝がなかった。

三三二空の雰囲気が三五二空からの転勤者たちに、そんな和合性を感じさせなかったのは、無理からぬことだった。しかし隊員間の融和の面で、他隊よりも劣っていたわけではない。うるさい司令（飛行長も）に人望が集まらなかったのだ。

菊地中尉が松尾飛長に「ここでは、もう飛ばん方がいいですよ」と言われたのも、離陸後に間を置かず急上昇に移ったら、八木司令から「危ない」と叱られ、気分を害したからだ。三五二空では当たり前の機動をとっただけなのに。ラバウルで二〇四空の副長を務めたころの、公私を分ける清廉な人物との八木評は、どこへ消えたのか。三三二空の内部でも批判の声が存在し続けた。

七～八月の鳴尾基地で、松尾飛長は「もう勝てない」と感じていた。飛べる飛行機がろくにそろわないし、燃料も通常の九一オクタンではないのか、高速回転時の馬力が劣り速度が出ないようだった。

敗戦の八月十五日。炎天の鳴尾飛行場に整列して、ラジオ放送の詔勅を聴いた。聞こえにくかったが、負けたのは分かった。このとき十九歳六ヵ月。松尾飛長の十代が過ぎようとしていた。

敵国から凱旋《がいせん》

——陸攻ペア、もう一つの闘い

目標は「レパルス」

「敵主力　見ユ」

開戦二日後の昭和十六年十二月十日、索敵に出た九六式陸上攻撃機からの電報が、大きな航空作戦に直結した。

「敵主力」とは、英海軍の戦艦「プリンス・オブ・ウェールズ」と巡洋戦艦「レパルス」。索敵機の報告を受けて、雷装および爆装の九六陸攻、雷装の一式陸攻が、マレー半島クワンタン東方洋上へ殺到する。

サイゴン近郊のツドウム基地を発した美幌《みほろ》航空隊の九六陸攻八機が、英艦隊を認めたときには、空海戦はすでに始まっていた。

中隊長（分隊長）・高橋勝作大尉の乗機に続く二番機の、機長を務める横山一吉《かずよし》一飛曹の胸が高鳴った。南下中の戦艦二隻と駆逐艦三隻が、雲の切れ目はるかに見える。

「おお、二番艦が黒煙を出しとるぞ！」

主《メイン》の操縦員・岩本秀雄一飛曹が大声を出した。最大戦速なので「レパルス」の煙突からおびただしい煙を噴いているのだ。

高度を下げつつ接敵する。朱に輝く曳跟弾《えいこんだん》。敵の弾幕に、横山一飛曹の闘志が激しく燃え上がった。独《ひと》り者だし、死んでも憂《うれ》いはない。「よし、やってやる」の一念だった。

胴体下に抱えた九一式魚雷改一の発射のタイミングを、操縦員に示すのは偵察員の役目だ。巡洋戦艦まで一二〇〇メートル、投下を指示したが、階級・年季が同格の岩本一飛曹の返事は「まだまだ」。

確かに、必中を期すには遠すぎる。落ちつけ、と自分に言って、前方の「レパルス」と計器をにらむ。

「方位角五〇度、距離八〇〇メートル！　もういいだろう⁉」

主操席から「よしっ！」の返事。「用意、テッ」で七八五キロの魚雷は放たれた。

四周に走る敵弾の雨をついて突進する。命中さえしてくれれば死んでもいい——横山一飛曹の願いは、ペア七人に共通だったに違いない。

しかし、自機の放った魚雷の首尾は分からない。きわどく艦尾をすり抜けた中攻は旋回をうつと、海面から二〇メートルの超低空をひたすら離脱するから、当たったのか逸《そ》れたのかを視認するのは不可能なのだ。

敵艦をかわすとき、甲板上を駆けたり対空機関銃を撃ったりする乗組員の姿が、はっきり見えた。初めて体験する異様な光景だった。

弾幕の圏外に逃れてホッとし、顔を見合わせる。極度の緊張で、だれもが真っ赤な顔だ。

美幌航空隊の九六式陸上攻撃機二二型。美幌空はこの機に付けた魚雷と爆弾の両方でマレー半島沖の英戦艦を攻撃した。

美幌空と元山空の九六陸攻、鹿屋空の一式陸攻が雷爆撃により、英主力艦二隻を沈めた、世に名高いマレー沖海戦のひとコマである。この戦いで美幌空の高橋中隊は、魚雷三本命中と判定された。

日本海軍の艦艇数不足を補って、艦隊決戦の補助戦力たるべく整備された陸攻隊。新鋭戦艦と巨大巡戦に対する攻撃は、まさに海軍の思惑どおりだったと言えよう。

撃墜された陸攻はわずか三機。同条件での被撃墜を一六〜五〇機と見つもる演習審判標準は是正の必要あり、と戦訓調査委員会は表明した。横須賀空のメンバーが委員会の主体なだけに、主流をなす大艦巨砲派に一本取った気になったのかも知れない。

確かに、戦艦の威力はオーバーに推算されすぎてきた。大戦中の空対艦の威力比が分かる現在の目でながめれば、搭乗員の技量水準が高い七五機もの陸攻が、この程度の規模の艦隊を襲えば、戦果と損害は当然の帰結のようにも思えよう。

陸攻隊にとって最大の幸運は、掩護《えんご》の敵戦闘機が皆無だったことだ。英空軍のブルースター「バッファロー」の一ダースもついていたら、耐弾装備ゼロの陸攻は墜落続出の悲劇にみまわれたはずである。

ともあれ日本海軍は大戦果に酔い、陸攻の〝撃たれ弱さ〟を忘れさったようだ。ほんの八ヵ月ばかりのあいだ……。

九六式から一式へ

美幌空雷撃隊の一員を務めた横山一飛曹は、第三期甲種飛行予科練習生の出身。長野生まれで海を知らないがゆえに「海軍がよかろう」と受験し、五〇倍の競争を抜けて昭和十三年（一九三八年）四月に横空に入隊した。

偵察専修で飛練教程を終え、木更津空での中攻搭乗要員の教育をすませた横山二空曹が、同期生たちと美幌空に着任したのは昭和十五年十二月。翌十六年三月以降、美幌空は華中の爆撃作戦に加わり、重慶、蘭州《らんしゅう》への長距離空襲を主任務にした。

すでに第十二航空隊の零戦隊が猛威をふるっていて、中国戦闘機は鳴りをひそめ、前年なかばまでの、九六陸攻が一撃火ダルマの悲劇は、どこにも見られなかった。

開戦をひかえた十一月中旬、美幌空はツドウムに展開。十二月八日のシンガポール初爆撃、二日後のマレー沖海戦に続き、マレー半島、スマトラ島へと転戦した。

昭和十七年の春、横山一飛曹は鹿屋空転勤の辞令を受け、スマトラ島北端の小島サバンから鹿児島県鹿屋基地へ向かう。鹿屋空は高雄空についで一式陸攻への機種改変をすませ、マレー沖海戦でもこの新型機で雷撃をかけた部隊だ。

一式陸攻に乗ってみて横山一飛曹は「あらゆる面で九六（式）よりいい」と感じた。速度や居住性のほかに、直線飛行時の安定性が高いため、天測、偏流測定など航法に必要な計測をやりやすいという、偵察員が喜ぶ特有の長所があった。開戦前にみっちり教育を受け、六分儀も航法計算盤もたやすく使いこなす本当のプロだけに、わずかな長所もより具体的に感じられただろう。

操縦員にとってはどうか。甲飛の同期生で鹿屋空はえぬき。開戦をひかえ爆撃先導の一番機の操縦員たるべく、中隊代表に選ばれて、第十一航空艦隊の各部隊の代表メンバーらと、二ヵ月半の猛特訓に加わった近藤義宣《よしのぶ》一飛曹。

「一式と九六は雲泥の差。形も対照的だが、まず速度が違う。高馬力なので、離陸のときスロットルを開いていくと、身体が押しつけられる感じだ」

だが、二人の好印象は、あくまで旧機材の九六陸攻と比べての話だ。

鹿屋空は昭和十七年五月にサバンに進出。インド洋の英艦船に対する索敵哨戒や、ときにはアンダマン諸島爆撃に従事したのち、九月なかばにニューアイルランド島カビエンに移動した。

米軍のガダルカナル島上陸から一ヵ月あまり、ソロモンの空が太平洋の主戦場に変わろうとするころだった。

敵戦闘機の果敢な邀撃《ようげき》にあって、一式陸攻はその弱点をたちまち露呈する。

未帰還機、続出

第二十一航空戦隊の主戦力として鹿屋空がカビエン基地に進出したとき、ここラバウルには二十五航戦の四空、二十六航戦の木更津空、三沢空、千歳空の各陸攻隊がすでに展開し、戦っていた。部隊の数は多くても、実働機数は両航空戦隊を合わせて五〇機ほどにすぎない。

南東方面の航空兵力をたばねる十一航艦司令部は、九月の時点で三〇～四〇機しかないガダルカナルの米海兵隊（主力）および米陸軍の戦闘機に手を焼いていた。出撃のつど、二機、三機と一式陸攻が食われていく。

九月二十八日の空戦は端的な例だった。二五機の陸攻が零戦四〇機の掩護《えんご》のもとガ島上空に侵入し、グラマンF4F戦闘機三四機に襲われた。結果は陸攻五機が落とされ、二機が帰還途中で不時着、残る一八機全機が被弾した。被撃墜のうち四機と不時着機はともに鹿屋空の装備機だ。進出後、半月たらずで手痛いダメージをこうむったわけである。

鹿屋空所属の一式陸上攻撃機一一型が、緊密な編隊を組んで爆撃目標へ向かう。胴体への被弾は炎上と墜落に直結した。

零戦隊は一三機撃墜を報じたが、実はF4Fは一機も落ちていない。敵より多い掩護戦闘機をつけていながら、これだけの完敗を余儀なくされた最大の要因は、一式陸攻一一型の撃たれ弱さにあった。

ドラム缶二五本分の燃料の三分の二が、主翼内のインテグラル・タンクに残っている。上空からバーッと一二・七ミリ弾が降ってきて、タンクに一〜二発当たって火がつけば、運命が定まってしまうのだ。これでは零戦も守るに守れない。

十月一日付で、鹿屋空は第七五一航空隊に改称された(隊の規模、内容はそのまま)。これをはさんで、十七年末までに鹿屋空/七五一空が失った機材は合計一四機。その多くがガ島爆撃作戦時の喪失である。

損害は、敵が邀撃態勢を整えるにしたがって増していった。昭和十八年に入ると、出撃の陸攻の半数が未帰還になる事態があいついだ。中国大陸における零戦との戦爆連合の威力は、カケラも残っていなかった。

同様のことが対艦攻撃にも言えた。陸攻隊だけで二戦艦を沈めたマレー沖海戦とは、対照的な結果に終わった一月三十日のレンネル島沖海戦である。

カビエンからソロモン諸島北西端のブカ島に前進していた七五一空の一一機が、米重巡艦隊に白昼の雷撃戦を試みたが、空母「エンタープライズ」を発した第10戦闘飛行隊のグラマンF4F一〇機に阻《はば》まれた。護衛なしの一式陸攻はまったくの好餌《こうじ》で、たちまち七機が撃墜され、ほかに一機が不時着した。

前日に損傷の重巡「シカゴ」を沈めはしたが、五六名が戦死したこの出撃は、無茶な命令としか言いようがない。

「弾丸が当たれば、燃えて落ちるのが当然と考えていた。搭乗員として防弾を望みたくても、弱みを見せるようで口には出せない」

「おおぜいの未帰還者があいつぐと、やがてあきらめに変わる。ヤケではなく、『仕方がない』という悟りのようなものだ。今度はやられるのでは、と毎日思っていた」

前者は横山さん、後者は近藤さんの回想だ。南東方面の激烈な航空攻撃は、命を張って黙々と出撃する彼らが支えていた。

当初のうちは格闘戦につりこまれ、比較的あっさり落とせた場合もあったロッキード「ライトニング」を、零戦隊員は「ペロリと食えるP－38」を縮めて「ペロハチ」と呼んだ。しかし陸攻隊員にとっては逆で、「こちらがペロリと食われるP－38」の印象が強かった。

東部ニューギニア南岸のポートモレスビー空襲の帰途、右方向はるか前方に見えた陸攻三機が、同数のP－38につかまって一〇秒ばかりで発火、爆発するのを、近藤上飛曹は総毛立つ思いで見つめた。こちらがつかまらぬうちに逃れるしかない。オーバースピードで降下し、海面をはって離脱する。

基地に帰って、一方的な空戦状況を伝えても、被墜機と同じ分隊の搭乗員たちはことさらに感情を表わさない。戦死は日常茶飯事なのだ。遅かれ早かれ誰にも訪れるはずの運命、というわけである。

夏の第二種軍装を着た横山一吉上飛曹。ペナン島で。

一月三十日のレンネル島沖海戦で、七発を被弾しながら帰投（「帰港投錨」を略した帰還の意の海軍用語）できた率先垂範タイプの飛行隊長・西岡一夫少佐も、五月十四日にニューギニアのブナ・オロ湾を戦爆連合で空襲ののち、第49戦闘航空群のP－38、P－40の射弾を浴びて帰らなかった。

この戦闘で、直上からP－38にかぶさられた一八機の陸攻隊を守ろうと、二五一空の零戦がパッと散る。だが三二機いても優勢な敵機と戦うのが精いっぱいで、掩護にまで手がまわりきらない。

うなる爆音、断続する旋回機銃の射撃音のなかで、主操で機長の谷田仁中尉の後ろにいた横山上飛曹の目が、右側にクギ付けになった。西岡少佐機のエンジンが止まり、火を噴いたのだ。

西岡機のコクピットでは、主《メイン》の偵察員の沢谷康雄上飛曹が航空図《チャート》を右手に持って振っている。横山上飛曹らに「さよなら」を告げる身ぶりだ。まもなく西岡機は降下し、キリモミ状態に入りつつ落ちていった。

横山上飛曹の陸攻でも、尾部で二〇ミリ機銃を撃っていた副偵察員の岸一美二飛曹が、右腕を敵弾にちぎられて瀕死《ひんし》の状態だ。上飛曹は救急箱を抱えて銃座へ行き、応急手当てをほどこすと、すぐに機銃をとって応戦を始めた。

この日の七五一空の損失は被墜三機と不時着三機。

「明日はわが身」と思わないほうがおかしい、決死の日々が続いた。

その日は来た

四日後、昭和十八年五月十八日に七五一空は戦力回復のため、マリアナ諸島テニアン島に後退。三ヵ月半ののち、二十六航戦司令官の麾下《きか》部隊として九月四日以降ラバウル西（ブナカナウ）飛行場に再進出する。

この間に戦局はますます逼迫《ひっぱく》し、ソロモン諸島は三分の二を放棄、東部ニューギニアでも後退続きで、南東方面は崩壊の気配が濃くなっていた。陸攻隊の損耗はさらに激しく、到着早々の七五一空も九月二十日までの三回の作戦で、たちまち六機（うち四機は不時着破壊）を失った。

ラバウル西飛行場で出撃を前に、暖機運転中の一式陸攻一一型。どの搭乗員もそのつど戦死を覚悟して目標をめざした。

ラバウルに来てから、横山上飛曹の機長は蔵増実《くらますじつ》佳《よし》飛曹長に変わった。二十四期操縦練習生出身、九年半の飛行歴を有する超ベテランだ。もともと艦上攻撃機の操縦員だったが、新機種の艦上爆撃機に移行。急降下から引き起こす激しいGに四年間耐えたためか、心臓に不整脈が出て陸攻にうつり、十二試（のちの一式）陸攻のテスト飛行に加わっていた。

操縦技量は抜群。ベテラン偵察員の域に入った横山上飛曹が「陸攻操縦の神さま」とみなすだけの能力を、蔵増飛曹長は持っていた。七五一空への着任は四月下旬である。

実は七五一空は七月に、一個中隊だけをテニアンから、ソロモン諸島北西端のブカ島に派遣していた。

七月十五日の中部ソロモン・ルビアナ島への昼間爆撃で、四七機の零戦に守られていたのに、敵機の邀撃を受けて八機のうち六機を喪失。十一航艦司令部は以後、一式陸攻による昼間攻撃の中止を決めた。

ところが二ヵ月後の九月二十二日、東部ニューギニアのフィンシュハーフェンへの敵上陸にともなう輸送船団に対し、二十五航戦司令部は白昼の雷撃を命じた。出撃は七五一空の八機。これを三八機の零戦が掩護する。

クレチン岬沖に敵の大船団が見えた。いち早く来襲した第8および第475戦闘航空群のP－38群に零戦が向かっていく。目標を定めた蔵増飛曹長は、被弾にかまわず突進。横山上飛曹の距離を読む声を伝声管で聞き、投下の合図で魚雷を放った。

戦いの結果は悲惨だ。八機中六機が被墜・未帰還、一機は不時着大破で、五月十四日のオロ湾攻撃時に横山上飛曹の機長だった谷田中尉も、指揮官として戦死した。帰投できたのは、技量と運を生かしきった蔵増機だけ。それも七五個もの弾痕付きで。

防衛庁戦史室の著わした、いわゆる公刊戦史には、この攻撃について「敵制空下における一式陸攻の昼間強襲の限界を示す結果となった」とある。なんたる記述の甘さだろうか。陸攻の昼間雷撃が自殺行為であることは、すでに明白なのだ。

みずからは弾幕をくぐらず、計画をひねり命令するだけの「司令部職員の戦闘感覚の欠落と人間性放棄を示す結果となった」と書きたいところだ。参謀の一人でも陸攻に同乗させるとしたら、こんな作戦は実施されなかっただろう。

張りめぐらされた未帰還への網を、きわどくくぐり抜けてきた横山上飛曹にも、〝その日〟は訪れた。

十一月一日付で准士官に進級し、蔵増飛曹長と同室になってから半月。機動部隊発見の報告が十六日の夜に入り、七五一空を含む雷装の攻撃隊が出動にかかる。水上偵察機が敵上陸部隊のLSTを空母と誤認した、第五次ブーゲンビル島沖航空戦の始まりである。

三小隊一番機のペア(同一機に乗り合わせる複数の搭乗員)は、操縦員・桑折邦重上飛曹、偵察員・横山飛曹長、電信員・石井三郎上飛曹および淵之上《ふちのうえ》美雄一飛曹、搭乗整備員・岡本利雄上整曹、攻撃員・塙《はなわ》正義一飛曹および朝倉信義飛長の七名。攻撃員は新しくできたポジションで、射撃専門の銃手をさす。

いつものペアの蔵増飛曹長は、デング熱にやられて出られない。かわって、機長と三小隊二機の指揮を横山飛曹長が務める。彼にとって三度目の雷撃戦、そして初めての夜間雷撃だった。

発進は午後十一時十五分。装備定数四八機なのに可動が一〇機ほどしかない七五一空の、主力とも言える六機は、暗い洋上を南東へ飛んだ。天候がよくなく、やがて各機は分離していった。

翌七日の午前二時すぎ、敵艦に生じたらしき火災が遠くに見えた。一五分ばかりたって「ト・ト・ツー・ト・ト」が電信機に入る。指揮官・一色賢蔵中尉機からの「全軍突撃セヨ」の電波である。

高度五〇メートルまで降りて索敵中の横山機は、敵の輪型陣を突き破った。いきなり猛烈な射撃を前後左右から浴び、すぐに探照灯の光に包まれる。低空を飛んでいるため、小口径火器まで総動員で撃ってきた。

着水ののちに

大きな衝撃音とともに右エンジンから発火、速度が急落した。敵弾が当たったのだ。

桑折上飛曹の懸命の操縦も効果なく、高度が低下していき、下がり気味の尾部が海面を打った。頼みの綱の左エンジンもやられて火を噴き出し、一式陸攻三一二号機は魚雷を抱いたまま波間にすべりこんだ。

ラバウルに帰投できた七五一空機は、指揮官機を含む三機。ほかに一機が被弾・大破し、途中のブカ基地に不時着した。

未帰還二機のなかに自分のペアが入っているのを、蔵増飛曹長は本部で聞いて愕然《がくぜん》とした。優秀で快活だった横山飛曹長をはじめ、気ごころを通じあった面々が、自分が搭乗割からはずれた日に限ってやられてしまうとは。

　人事分隊士を兼務していた蔵増飛曹長は熱がおさまると、尾をひくショックを抑えて、戦死取り扱いの手続きにかかった。

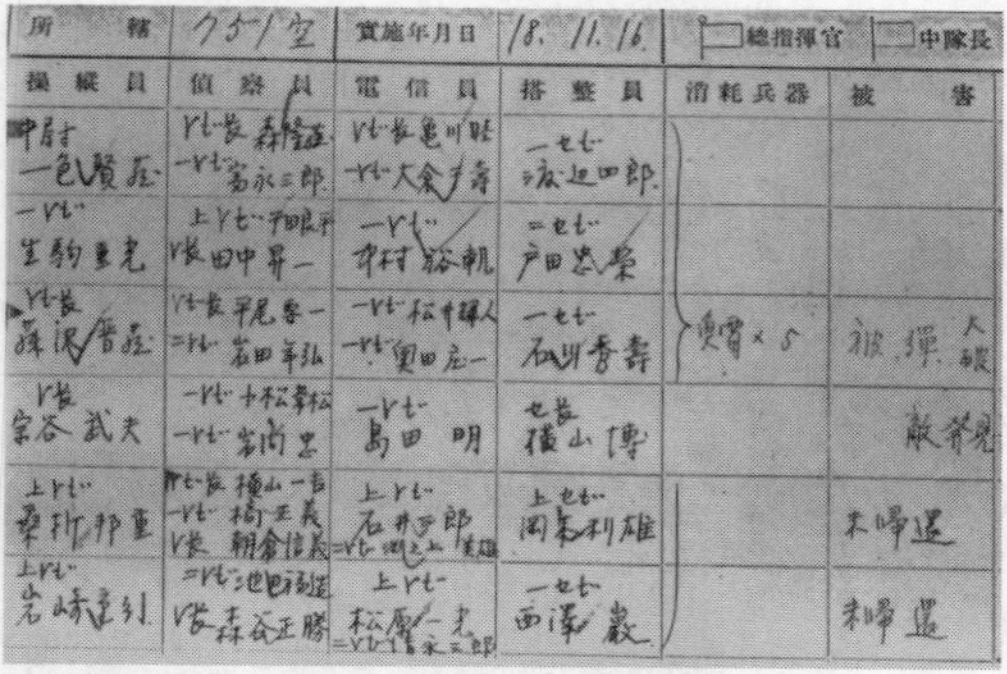

所轄	751空	實施年月日	18.11.16	総指揮官	中隊長
操縦員	偵察員	電信員	搭整員	消耗兵器	被害
			一整曹 渡辺四郎		
			戸田忠榮		
			石川香壽		被弾 大破
		島田 明	横山博		敵発見
			岡本利雄		未帰還
			西澤 巖		未帰還

昭和18年11月16日の第七五一航空隊の戦闘詳報。下から２列目が横山飛曹長のペアの７名で、「未帰還」と記入されている。


　ブーゲンビル島タロキナ沖に着水して数分後、横山飛曹長がわれに返ったとき、一式陸攻はまだ海面に浮かんでいた。

　コクピットから主翼の上に出てみると、まわりはもう明るい。海水につかった左腕の航空時計がちょうど午前三時で止まっている。彼と前後してペアが機内から出てきた。

　淵之上一飛曹のほかは、皆どこかケガをしていた。重傷は、頭部と額に裂傷を負った岡本上整曹と、両足を複雑骨折した塙一飛曹。ちぎれかかった塙一飛曹の右足を、淵之上一飛曹が切断処置をほどこした。

　ブイと呼んだ救命筏をふくらませ、塙一飛曹を横たえて、取りはずした七・七ミリ機銃を持たせる。

魚雷は落下しており、暗号書の始末も確認。やがて三一二号機は機影を海中に没した。

ぬれて重い飛行服と靴は脱ぎすて、救命胴衣とフンドシだけ。フカ除《よ》けにマフラーを流し、ブイを中心に泳ぐ。かなたに見え、砲声も聞こえるブーゲンビル島の、日本軍の確保区域をめざすのだ。

胴衣と皮膚がすれて塩水が痛烈にしみる。敵機が見つけて一連射かけていったが、航過する一式陸攻と九九艦爆には気づいてもらえなかった。

自然も彼らを見放した。潮流が逆で、島に近づくどころか、どんどん流されてしまった。

やがて夕刻。さらにまずい事態が生じた。米駆逐艦らしい艦影が見え、それが向かってくるのが分かった。誰の脳裏にも「捕虜」の二文字が浮かんだ。

機長としての責任から、横山飛曹長は「敵につかまるより、自決しよう」と決意を表わし、全員が賛同した。さいわい機銃も拳銃もある。目的を果たすのは困難ではないと思われた。

まず淵之上一飛曹が「私からお願いします」と願い出たように、横山さんは記憶する。甲飛の後輩だから、という意味が含まれていた。淵之上氏の回想では、飛曹長が「フチよ、お前いちばんに死んでくれ」と言ったことになっている。どちらにせよ、理由は同じだ。

こめかみに当てられたブローニングの引き鉄《がね》を、機長が引いた。カチッと音がして、弾丸が出ない。塙一飛曹が機銃を構えて撃ってみると、これも金属音だけだ。

続いて横山飛曹長が試みたが、やはり不発。海水で炸薬がしけって発火しないのだ。

敵艦からカッターが降ろされ、三名ほどの兵が乗って漕ぎ寄ってきた。なんとしても捕らわれの身は避けねばならない。胴衣をはずして水を多量に飲み、水中に潜って溺《おぼ》れ死のうとしたが、苦しさで無意識に浮き上がってしまう。

不時着水した一式陸攻を、米軍艦の乗組員が艦側から見つめる。横山機ではないが、ある程度は状況を推測できるだろう。

このとき、ブイの縁につかまっていた深傷《ふかで》の岡本上整曹の姿が消えた。ここで力つきたのは、ある意味で幸せだったとすら思える。

日本兵が捕虜になるのを否定するのは、武士道に源《みなもと》があるようだ。敵につかまって生きるのは潔《いさぎよ》くない、とする考え方である。

これを明文化したのが、陸軍大臣・東條英機大将が示達《じたつ》した『戦陣訓』の一節で、本訓その二の第八に「恥を知る者は強し。……生きて虜囚の辱《はずかしめ》を受けず、死して罪禍《ざいか》の汚名を残すこと勿《なか》れ」とある。

教育総監部と陸軍省軍務課の手になる『戦陣訓』は、ガリガリの精神主義の産物で、一〇〇パーセント順守する人間がいたら化け物としか思えない。そもそも起草責任者の教育総監・山田乙三《おとぞう》大将は、敗戦時に満州の邦人を見捨て、自分および近しい関係者の保身をはかって退却した「恥を知らない」関東軍司令官だから、『戦陣訓』の内容がまったくの虚仮《こけ》おどしなのは明白である。

だが、これは今だから言えるので、戦争中は陸軍将兵の軍律と称しても過言ではなかった。海軍も『戦陣訓』を受け入れ、準用した。

横山さんも鹿屋空／七五一空当時に「生きて虜囚の辱を受けず」の部分を覚えていた。さらに、練習生時代にもこの種の話を聞かされたという。

『戦陣訓』の示達は昭和十六年一月だ。それ以前に彼が捕虜否定の言葉を耳にしたとおり、日華事変で敵地に降りて捕らわれた航空兵を戦死にあつかう手段が、すでに確立していた。

捕虜になるまいと思っても、きわどい戦闘の随所にその可能性が存在する。とりわけ、敵地上空を飛ぶ搭乗員に顕著である。逆に言えば、捕虜は激戦を戦った証拠であり、「生きて虜囚の……」などと言えるのは、そんな心配がなく、真の戦闘を知らない事務職や、最前線には縁がうすい参謀畑の人間だからに違いない。

収容所に入る

溺死《できし》をはかって疲れはてた六名を、米兵は竿の先に付けた輪を、首にかけて引き寄せた。カッターに上げられたとき、あらがう体力も気力も残っていなかった。

銃を構える米兵に見張られて、カッターは駆逐艦へもどる。つい先刻まで思いもよらなかった立場だ。横山飛曹長は耐えがたいほどの辛さにさいなまれた。

駆逐艦では塙一飛曹に手術がほどこされた。彼以外は見張り付きの船倉に入れられ、ガダルカナル島へ。到着したのはヘンダーソン飛行場に近い収容所だった。

施設はテントが一〇張りばかり。まわりも二重の鉄条網で囲み、監視兵が台上に立つ。皮肉にも陸攻隊の〝宿敵〟とも言えるガ島の敵飛行場に、捕虜の身分で連れてこられた現実に、横山飛曹長は茫然《ぼうぜん》として声も出なかった。

実は当然のことなのだが、先着の捕虜が二〇名ほど暮らしているのは、彼らには驚きだった。聞けば、ここからすでに何百人もが後方の収容所へ送られたという。

食事は、ソロモンの日本軍の残置食糧を調理したもの。パラパラの飯でも、たまに出るパン食よりはずっと口に合った。二つのテントを当てがわれた五名に、先着者の二人が世話をやいてくれる。ガ島置き去りの陸軍兵らしいが、名前を言わない。お互いに肩身のせまい思いだから、打ちとけない方が気が楽だった。

捕虜の生命を保証するジュネーブ条約を、横山ペアが知るはずがない。どうせ殺されるなら脱出か暴動を、との意見も出たが、飛曹長は可能性のなさを説き、自重をうながした。

十二月のなかごろ、石井上飛曹ら下士官ペアが後方の収容所へ移動していった。横山飛曹長は寂しくなった収容所で、陸軍の林少尉と雑談やらトランプやらで時間をつぶす。林泰一郎少尉は東大出の甲種幹部候補生（海軍では兵科の予備学生が近い）出身で、ブーゲンビル島で斥候に出て敵弾に倒れ、捕らえられた。

昭和十九年はガ島で迎えた。一月十二日、横山飛曹長と林少尉はC－47双発輸送機に乗せられ、ニューカレドニア島ヌーメアの収容所に移動。丘の斜面の広い敷地に、テントが二〇張り近く並んでいた。ここもソロモンとその周辺で戦った陸海軍の捕虜がいたが、准士官以上は彼ら二人だけだ。

収容所長は若くて気のいい米陸軍中尉で、タバコなどを手みやげに二人のテントに遊びにきた。林少尉はかなり英語をあやつるため、いろんな話題が出る。日本兵の暗い表情をさんざん見てきた所長は、こう言って首をすくめた。

「捕虜は英雄なのだ。アメリカでは帰国すれば勲章をもらえる」

日本に帰れば軍法会議にかけられ銃殺の運命、と想像する横山飛曹長は、日米の差異の大きさに驚かされた。

捕虜のなかには、偽名を使い階級をいつわる者も少なくない。横山ペアは駆逐艦に上がったときに相談し、生きて日本に帰ることはあるまいからと、尋問のさい一貫して本名と正しい階級を述べてきた。

ヌーメアでの尋問は情報部の少佐が担当。戦前に横浜で貿易商だった人物で、流暢《りゅうちょう》な日本語できびしい質問を浴びせてくる。彼は、関係者以外には極秘にされた空母「信濃」の内容や、ニューギニアの日本軍の状況をつぶさに知っていて、逆に横山飛曹長にとって初耳のことがらが多かった。

横山飛曹長と林少尉がヌーメアに移された理由の一つに、同地の別の収容所における下士官兵の脱走未遂事件があった。今後こうしたことのないように、米側は二人をまとめ役にしたい意向をもっていた。

ヌーメアに来て一週間ほどで、トラックで一時間のその収容所へ向かう。到着後まもなく、ペアだった石井上飛曹が事件にからんで死んだと聞かされた。

ここで再会できた、ペアで甲飛後輩の淵之上一飛曹から、詳しい顚末《てんまつ》を教えられた。搭乗員が主体の海軍の捕虜たちは飛行場に侵入して飛行機を奪い、北部ソロモンをめざす。残る海軍と陸軍捕虜はヌーメア港の潜水艦で脱出する計画だった。ところが一人の海軍下士官が米側に通報したために、脱走計画はつぶされてしまった。

この責任をとって、海軍側のリーダーたちがテントの中で血しぶきを散らせて自決した。そのうち七五一空の搭乗員が五名で、石井上飛曹が含まれていたのである。

捕虜たちの側面

一万トン級輸送船の船倉にぎっしり詰めこまれて、米本土サンフランシスコをめざしヌーメア港を出たのは昭和十九年二月の初め。四〇度を超える蒸し暑さにたまりかね、一部の者が通気孔を壊して冷気を入れたことから、三日間の食事停止。この騒動がきっかけで船内の待遇がマシになったりもした。

ハワイの南を航行中に二月十一日、紀元節を迎える。敗戦の年まで国民が襟を正して祝った日だ。甲板に出ていた横山飛曹長らは、ふたたび見ることはないはずの祖国に向かい、ふかぶかと頭《こうべ》を垂れたのだった。

二月二十八日の午後に金門橋をくぐってサンフランシスコに到着。とうとう敵の国にやってきた。願っていたのとは逆の立場で。

消毒処置を受け、戦時捕虜の略称PWの白文字が大きく背中に入った、オリーブドラブの古着を与えられた。トラックで運ばれたのは、軍が刑務所に使っていた六階建て二棟の収容所。窓に鉄格子の殺風景なひと部屋に、横山飛曹長と林少尉が入れられた。

ここの食事はりっぱで、デザートにアイスクリームまで付いた。情報部門の特殊メンバーなのか私服の係官が尋問で、日本兵を投降させる手段を聞いてきた。「どんな方法をとったところで、日本軍には通用しないだろう」が横山飛曹長の返事だった。

サンフランシスコでの控置は一ヵ月あまりで終わり、東北東へ直線距離でもはるか二八〇〇キロ、ウィスコンシン州の大規模で本格的な収容所へ、二〇〇名ちかくが大陸横断鉄道で移動する。

まだ寒い四月上旬の田舎駅スパルタに、MPたちが迎えに来ていた。なかに一人、日本人の顔だちでペラペラの英語で打ち合わせていた男が、捕虜たちに声をかけた。

「じゃ、こっちへ整列して、ならんで私のあとをついてきて下さい」

日本語も達者なので、誰もが二世かと思ったが、これが日本軍人の米側捕虜第一号の酒巻和男少尉だった。

上：開戦の日の真珠湾攻撃時にオアフ島海岸に乗り上げた甲標的・酒巻少尉艇。下：酒巻少尉をはずして、9名に感状が授与された。「九軍神」をたたえる公表写真。

真珠湾攻撃の日、特殊潜航艇が故障、オアフ島の海岸で座礁したため、脱出し海に飛びこんだが、人事不省に陥ったところを捕らえられた。捕虜のニュースはスウェーデン経由で入ってきた。海軍はこの兵学校出身の将校の存在を抹殺し、戦死した五隻の潜航艇の乗組員九名を二階級特進者として発表したのだ。

スパルタの駅には、ハワイの収容所から送られてきたグループも到着していた。リーダーの大谷中尉は偽名で、本名は戦後に戦記作家として名をなす海兵六十八期出身の操縦員・豊田穣《みのる》中尉だった。

昭和十八年四月のガ島攻撃時、空母「飛鷹」の九九艦爆がF４Fに撃墜され、漂流ののちに豊田中尉ペアは哨戒艇に捕らえられた。酒巻少尉と兵学校が同期の彼は、帰国まで偽名を用い続ける。

マッコイ収容所は木造バラックが二〇棟。金網で仕切られた向こうには、日本兵とは対照的に元気なドイツ兵捕虜がいた。

日本側の最先任はノイローゼにかかった機関中佐だ。彼の指揮代行を、日露戦争の日本海海戦にも参加した、叩き上げの松井少佐がとっていた。ほかに大尉、中尉もおり、准士官以上が二〇名を数える大所帯である。

所内には酒保や娯楽室もあり、ジュネーブ条約にもとづいて給与が出、伐採《ばっさい》や工場での作業に加われば割り増しも付く。だが、この作業を利敵行為とみなしてサボタージュに入ったため、一時は米兵と争乱状態にまで発展した。

酒巻少尉は裏表のないさっぱりした人柄で、ささいなことにこだわらない。決して威張らず、麻雀は弱かった。大谷こと豊田中尉はどちらかと言えば寡黙《かもく》。柔道で鍛えた太めの体格で運動の時間にキャッチャーを務め、時代小説を書いて皆を楽しませた。思いやりがあり、英語はそれなりに話した。

マッコイ収容所の人数が八〇名にも増えていた昭和二十年六月二十四日、はるか南のテキサス州へ全員が移動した。アラモの砦で知られるサンアントニオから南へ九〇キロのケネディ収容所である。

より本格的な施設だが、所長に黄色人種蔑視《べっし》の傾向があり、管理や待遇も厳しかった。収容人員の増加で七月には准士官以上だけでも五〇名、佐官が七名にもなった。指揮をとる最先任はマリアナの防備部隊司令の海軍大佐である。階級つきで姓を呼びあい、陸軍式の上官に対する「ドノ」は用いられなかった。

捕虜になった重い気持ちは共通だ。僧籍をもつ兵曹がいて、彼の説教を聞き読経を行なって心を安らげようと、横山飛曹長、酒巻少尉、「大谷」中尉、林少尉をはじめ、さまざまなメンバーが集まった。

海軍大佐は「日本は負ける」と明言した。この言葉が捕虜たちの新たな感情をかき起こし、主流の勝利派と少数の敗戦派に分かれて溝ができた。

これまでの戦い、死んだ同期生や戦友を思えば、「負ける」とは決して口にできない横山飛曹長にも、複雑な想念が交錯《こうさく》する。ペアの淵之上、桑折、塙兵曹と話し合い、万一帰国が許されれば軍法会議にのぞみ潔く処罰を受けよう、帰れないならブラジルへわたり開墾で生涯を終えよう、と意を決した。

帰国

テキサスも終戦の日は炎天だった。八月十四日（日本は十五日）の午前十一時ごろ、捕虜全員が整列し、指揮官の海軍大佐から日本の無条件降伏が伝えられた。みな声もなくたたずむうちに、嗚咽《おえつ》の声がもれ始め、しだいに広がっていく。

「いずれ日本に送還される。その日に備えて身体を鍛え、日本の再建につくそう」

大佐の言葉が、勝利派だった人々の胸にしみた。

十一月に入ると、送還の話が広がった。それは単なる噂《うわさ》ではなく、シアトル経由での帰国が、温和な新所長ミッチェル少佐から十一月六日に伝えられ、二日後に送別の辞に送られてサンアントニオから列車に乗る。だれの顔にも生気が感じられた。

彼らを現実に引きもどしたのは、中継地オマハでの停車時だ。反対方向から復員の米兵たちを満載した列車が来て止まった。米兵たちはPWの服を着た日本兵集団を認めると、何十人もが飛び降り、こちらの列車に押し寄せてきた。

車窓にむらがった米兵それぞれが、手にしたものを捕虜に見せつける。出征の旗、日本刀、歩兵銃、軍艦旗、鉄カブト……。どれも戦死者から奪った記念品だ。

捕虜たちの顔が引きつった。米兵をののしり、ツバを吐く者もいた。横山飛曹長も腸《はらわた》が煮えかえる怒りを覚え、ついで、まぎれもない日本敗戦の証拠に打ちひしがれた。

帰国の輸送船は十二月十三日にシアトル港を発《た》った。三週間の航海を終えた昭和二十一年一月三日、神奈川県の浦賀に入港し、翌日の昼ごろ久里浜に上陸した。

軍法会議、銃殺刑が杞憂なのはすぐに分かった。通信学校の旧兵舎に入ると、厚生省の係官が「長いあいだ、ご苦労さまでした」と、ごく腰の低い調子であいさつしたからだ。その夜の麦飯とうすい味噌汁は、終生忘れえぬ味になった。

「捕虜」の二文字が戦争中の日本で、どれほど暗いイメージをともなったか、いまでは想像すらできないほどである。しかし、この感覚は他の参戦国には類を見ない、異常と言えるものなのだ。

例を上げよう。英空軍航空団司令ダグラス・バーダー中佐の「スピットファイア」はメッサーシュミットBf109に、米海兵隊の飛行隊長グレゴリー・ボイントン少佐のF4U「コルセア」は零戦に、それぞれ撃墜されドイツおよび日本の捕虜になったが、終戦で帰国し英雄として歓迎された。またドイツ空軍爆撃航空団司令ヨーゼフ・カムフーバー大佐は、乗機が撃墜されフランスの捕虜になったが、ドイツ軍の進撃で釈放され、より高位の任務についている。

日本を不幸な例外の国にした要因はさまざまだが、兵学校、士官学校出身の一部将校の戦中のふるまい、戦後の言動をチェックすると、こんな連中が意味なく捕虜をさげすんだと知れる。そして現在でも、ある種の日本人の心にその火種がくすぶっているのだ。捕虜になるのは勇士ゆえ、と確信する筆者も、横山さんへの取材の当初は慎重に言葉を選んだ。けれども彼の返答は実直、明解で、いささかのわだかまりもない。

「収容所で敗戦を知ったとき、放心状態でした。非常に残念で、申しわけない、充分に戦えなかった、と己《おのれ》を責めました」

この言葉に、ひときわ感銘を受けた。本稿の前半を読めば、彼の戦いが不充分と考える人はいないだろう。

アメリカに武力で最終的に勝たずとも、二年をこえる捕虜生活のあいだ自己を律し、ペアとともに臆《おく》することなくすごした横山さんは、まさしく敵の国から凱旋したのである。

去りゆく水戦

——知られざる「強風」の終末

フロートを付けた戦闘機——水上戦闘機という機種を制式採用し、実戦に投入したのが日本海軍だけだったことは、いまさら述べるまでもない。水戦には、零戦一一《いちいち》型を改造した二式水戦（A6M2-N）と、初めから水戦として設計された「強風」（N1K1）の二種があり、二式水戦が船団護衛や対潜哨戒、基地防空などに、ある程度の活躍をしたことも、ご承知のとおりだ。

ところが、水戦の本命をめざして作られた「強風」については、その行動を記した記録がきわめて少ない。わずかにアンボンの第九三四航空隊でのB-24重爆撃墜や、第二十二特別根拠地隊の連絡飛行が知られるぐらいで、とりわけ本土上空での戦闘記録は皆無と述べて過言ではない。それゆえ、局地戦闘機「紫電」の母体に使われたために、名のみ知られているような状況である。

筆者は一九八一年の夏、本土方面における海軍航空部隊の動きを写真史にまとめ、そのなかに初めて内地での「強風」の行動の一部を記述することができた。本稿ではその後の調査で判明したことを付加し、より詳細に本土上空における行動記録を紹介してみたい。

出おくれた新鋭水戦

水上戦闘機の最大のメリットは、基地の設備がほとんどいらないことである。

飛行機や軍艦などの設計は、技術者の努力で欧米列強に追いつけた日本だったが、基礎工業力の浅さは容易に埋められず、土木、建設の機械化なども遅々として進まなかった。太平洋戦争が始まってからも基地の地盤は、つるはし、モッコ、ローラーを〝三種の神器〟とする人力で造成され、滑走路を一本作るのにも数週間を要した。

列強戦闘機をしのぐ零戦はあっても、ブルドーザーすら持たない日本海軍にとって、兵員を収容するバラックさえ作れば、ただちに作戦を開始できる水上戦闘機が、魅力的でないはずはない。

日華事変で複座の九五式水上偵察機が、敵機を撃墜するハプニングがあった。それならば、もっと高性能の機体にフロートを付けた水上戦闘機を作り、すみやかに前線へ進出させて制空権を確保しよう、という考えが出てくるのは当然だった。

昭和十五年（一九四〇年）九月、この水上戦闘機という新機種の試作が、飛行艇の製作に経験が深い川西航空機へ、十五試水上戦闘機の名で発注された。だが、新型機の試作、実用化には二～三年はかかる。開戦を間近にひかえて、とりあえずピンチヒッターで急場をしのぐため、零戦一一型にフロートを付ける案が決定。翌十六年に入るころ、中島飛行機へ〝応急〟水戦の製作が発注された。

主翼下に60キロ爆弾を付け、マーシャル諸島イミエジ基地から発進にかかる第八〇二航空隊の二式水上戦闘機。簡単な施設と砂浜があれば、大がかりな設備は不要な状況が分かる。

優等生の零戦をベースにしたピンチヒッターのほうは、開発も順調に進んで、一年後の十七年初めに二式水上戦闘機として制式採用された。そして、同年春から北方のアリューシャン列島や北千島、南方のソロモン諸島やインドネシア方面、内《うち》南洋《なんよう》に展開。零戦なみとは行かなくとも、それなりの活躍を示した。

しかし、層流翼、空戦フラップ、二重反転プロペラなど、新機軸を意欲的に採用した本格派の十五試水戦は、十七年五月に初飛行したけれども、海軍側からなかなかOKを得られなかった。整備に手間どるうえ故障が多い二重反転プロペラを、通常の三翅ペラに改めたため、強いトルクの反作

川西・鳴尾水上飛行場に置かれた十五試水上戦闘機。当初の二重反転プロペラが、通常の３翅のものに換装されている。

用が生じ、また二式水戦の一・三五倍という高翼面荷重も加わって、離着水が難しかったのが、その主因と思われる。

ほかに、翼根失速で生じた渦流が尾翼に当たって振動（バフェッティング）を呼び、大型のフェアリングを付けて解決するのに手間どった。さらに加えて、「練習機よりも操縦が楽」といわれた二式水戦と比較されねばならなかったことが、十五試水戦の大きな不利に加わったのは否めない。

十五試水戦がなんとか航空技術廠・飛行実験部の審査をパスし、水上戦闘機「強風」一一型の名で制式採用にこぎつけたのは、十八年の夏も終わりのころだった。航空本部は十八年度（十八年四月から十九年三月まで）の生産予定機数を一〇三機とし、川西は九月から量産にかかった。

しかし、十九年度生産計画には組みこまれず、十九年三月で量産を終了。二式水戦が三二七機も作られたのに比べ、総計九七機という少なさだった。その原因は言うまでもなく、水上戦闘機の使い道がなくなってしまったからである。

前述のように水戦の長所は、すみやかに前線に展開して、応急に制空権を確保できることだ。開戦後しばらくは低性能の敵戦闘機が相手なら、重いフロートを付けた二式水戦でも、小まわりを生かす巴戦《ともえせん》にまきこめば、なんとか渡り合うことができた。また、単独で来襲する爆撃機や哨戒機と戦って、ときどき撃墜戦果もあげた。

しかし、十八年末の守勢下では、新たに占領しうる地域があろうはずはなく、水戦の出番もない。そのうえ、P－38、P－47、F6F、F4Uなどの高性能戦闘機が登場して、最大速度四百数十キロ／時の水戦では、とても歯が立たなくなっていた。戦法にしても、敵は四機編隊の一撃離脱を主用してくるのに対し、低速の水戦は巴戦に固執せざるをえない。対爆撃機についても、防御堅固な四発重爆との交戦は荷が重かった。十八年後半には水戦という機種そのものが、はっきり時代おくれに成り下がっていたのである。

ようやく各航空隊へ

九〇機ほど作られた量産機「強風」一一型は、それでも昭和十八年末から少数機ずつ、実施部隊（実戦部隊）へ配られていった。まず新鋭機の実用テストを担当する横須賀航空隊が試作型に続いて受領し、ついで南西方面（蘭印。いまのインドネシア）へ運ばれた。しかし過半の機材は、すでに装備すべき外地の水戦隊がなくなったことから、横浜水上基地や整備航空隊などに格納され、ほとんど手をつけられないまま放置されている状態だった。

これらの御蔵《おくら》入りの「強風」にふたたび目が向けられたのは、サイパン、グアム、テニアンのマリアナ各島が陥落し、米軍が日本本土爆撃をめざして、超重爆ボーイングB－29の基地を整備し始めた十九年夏になってからである。乏しい本土防空戦力を、いくらかでも強化できればとの考えにそって、二式水戦や二座（複座）水偵を持つ航空隊へ、八月ごろから少数機ずつ配備されていった。

とはいえ、性能が陸上戦闘機に及ばない「強風」に、本格的な防空戦闘は期待できず、その任務は自隊の基地防空の域を出なかった。ただし、佐世保空と呉空、大津空は、それぞれ佐世保鎮守府、呉鎮守府、舞鶴鎮守府の上空警戒を任務に含んだ。

二式水戦、「強風」には、二座水偵出身の操縦員が搭乗した。九五水偵や零式観測機などの二座水上機は運動性がよく、ある程度の格闘戦ができたため、操縦員は基本的な空戦訓練を受けていたからだ。

たとえば、十九年一月下旬に第四五三航空隊《よんごおさん》（以下四五三空と略記）付の辞令を受けて指宿基地に着任した、第十二期飛行科予備学生出身の山田俊二少尉は、零観を装備する第二分隊の分隊士を務めたのち、二式水戦の第一分隊長・荒木俊士《しゅんし》大尉に空戦技術をみこまれ、第一分隊へ移っている。零観は複葉なので小回りがきき、宙返りの頂点で補助翼と方向舵を逆操作する捻《ひね》りこみを使えば、二式水戦に勝てたけれども、山田少尉は速度を出せる水戦にあこがれていた。

八月ごろ四五三空に「強風」三機がもたらされ、第一分隊に編入された。やがては「強風」だけで十数機からなる一個分隊を編成する、とのうわさが立ったが、追加の機は到着しなかった。

昭和19年９月、単排気管式でスピナーが小ぶりに変わった佐世保空の「強風」一一型後期型が、五島列島付近の上空を飛ぶ。整流のために付加された、大きな主翼フィレットが分かる。

「強風」は二式水戦よりも高速（カタログ値では最大速度四三六キロ／時に対し四八五キロ／時）で、上昇性能もよかったので、山田中尉（七月に進級）の好みに合った。ただ、旋回するとGがかかり自動的に失速防止の空戦フラップが出て、速度と機動性の低下を招くため、Gに強い中尉にはかえって邪魔ものに思われた。四五三空では「強風」を、二式水戦や零観とともに対潜哨戒にも用いている。

同じ十九年八月、佐世保空の第一分隊でも「強風」の導入が始まり、合計七〜八機を装備した。佐世保空への配備もやはりB－29に対抗するためなのだが、主目標はマリアナ諸島からの超重爆ではなく、六月中旬に日本空襲を開始した、大陸奥地の四川省成都から来る第20爆撃機兵団のB－29だった。

琵琶湖南岸の大津空でも、八月下旬に「強風」の装備を命じられ、飛行隊長と分隊長を兼務の桑嶌《くわしま》康大尉と、小畑政次《こばたまさつぐ》中尉、甲飛予科練出身の森上飛曹の三名が、横浜水上基地の倉庫へ受領に出かけた。

第六十六期兵学校生徒を卒業、昭和十六年四月に第三十四期飛行学生を終え、ソロモン方面で特設水上機母艦「山陽丸」の分隊長を務めた桑嶌大尉をはじめ、三名とも水上機になれてはいても、新型水戦ということで、まず横須賀空に寄って操縦教本を求めた。ところが少数機しか作られなかったので、満足な印刷物はない。ようやくガリ版刷りの小冊誌を手に入れて横浜基地の倉庫へ向かい、「強風」三機（二機ともいわれる）の引きわたしを受けた。

横浜の南、杉田の沖で初めての飛行を実施。離昇出力一四六〇馬力の「火星」一三型エンジンによる左トルク反作用の強さに、ベテランの桑嶌大尉も驚かされた。方向舵操作のフットバーの跳ね上がりに、踏んでいる右足を払われそうになったという。三名は東海道の海岸沿いに飛んで大津空に帰投（「帰港投錨」を略した、帰還の意味の海軍用語）し、以後、空戦フラップのテストなどでしばしば飛んだ。空戦フラップをうまく使いこなすには、充分な慣熟が必要だった。

このほかの部隊では、呉空に二機、愛知県知多半島の第二河和《こうわ》空に三機、香川県の詫間《たくま》空に二機ずつが配備されたが、十九年中はいずれも作戦行動に入っていない。また四五三空と佐世保空、呉空のほかは、いずれも水上機の操縦教育が主任務の練習航空隊である。

内地の各航空隊に配られた「強風」の評判には、トルクの反作用が強く、二式水戦に比べて離着水がやや困難で、航続距離が短い、翼端失速におちいりやすい、といった欠点を指摘する声もあった。それでも、ひどい不評を買うまでには至らず、エンジン故障もほとんどなかったようだ。

超重爆を邀撃《ようげき》

本土における「強風」の初めての相手は、想定したとおりB-29「スーパーフォートレス」だった。昭和十九年十一月二十四日から始まった、マリアナ諸島の第21爆撃機兵団による空襲は、おもに飛行機工場をねらう昼間精密爆撃で、一万メートル前後の高高度で本土に侵入。七〇〇〇～八〇〇〇メートルで爆弾を投下し、ふたたび高度を上げて太平洋上へ離脱するパターンをとっていた。

二十年一月十九日、兵庫県明石の川崎航空機工場を主目標に、第73爆撃航空団のB-29六二機が投弾し、そのあと東へ向かって名古屋上空で南に変針、太平洋へ抜けていく。

これを第二河和空の「強風」二機が、名古屋の熱田上空、高度八〇〇〇メートルで迎え撃った。一番機は第二期乙種飛行予科練習生出身で分隊長の飯塚進作中尉、二番機が操縦練習生出身の須藤正信少尉。ともに第二河和空きってのベテラン操縦員である。

飯塚中尉は大型飛行艇の経験が長く、ソロモン諸島やインド洋方面の作戦に従事していた。八五一空付の十九年四月、九七式飛行艇で不時着したさい足を負傷し、退院後に「赤トンボなら片足でもできるから」と十月に第二河和空に着任した。中尉は「強風」をも巧みにあやつり、実用上昇限度のカタログ値を超えて、計器高度一万一〇〇〇メートルまで上昇したこともあった。

「強風」二機は南へ逃げるB－29編隊を捕捉。飯塚中尉はまず前側上方から、主翼の二〇ミリ機銃と機首の七・七ミリ機銃の斉射で一撃をかけ、降下時の加速を利用して反転、離脱ののち上昇し、後側下方から後続の敵機に第二撃を加えた。「強風」の高高度性能では、高度八〇〇〇メートルにおける同一梯団（数個編隊からなる一〇～十数機ほどの集団）の超重爆への二撃はまさしく限界であり、命中弾による戦果を確認できないまま、編隊からやや遅れて離脱していくB－29を見送った。

攻撃を終えて須藤少尉と編隊を組んだ中尉は、須藤機が煙を噴いているのを見た。B－29の防御火網によるものか、エンジン故障なのかははっきりしない。須藤少尉は飯塚中尉の指示どおり、横すべりで煙を消そうとしたが、なおも噴き出している。中尉が指で「脱出せよ」の信号を送ると、少尉は指を一本立てて「了解」を示したのち、機外へおどり出た。

飛行機は燃えながら名古屋鉄道・河和駅の裏の水田に墜落し、須藤少尉と落下傘はゆっくり半田《はんだ》沖に着水した。だが、降下中の姿勢がふつうと違って、ダラリとぶら下がったようだった。急いで隊から内火艇を出して救助に向かわせたところ、海上に浮いた少尉はすでに事切れていた。外傷はほとんどなく、死因は開傘時のショックによるものと推定された。

飛行作業後の大津空の「強風」が基地へ向け琵琶湖を滑水する。

その後、一月二十三日および二月十五日の名古屋空襲のおりにも、飯塚中尉は准士官、下士官をつれて二～三機の「強風」で邀撃に上がったが、いずれも確実な戦果は得られなかった。ほかにも兵学校七十一期出身の先任分隊長・中山達二郎大尉が、一～二月ごろ二式水戦五～六機でB－29を二回邀撃し、やはり戦果のないまま帰還している。

零戦はもちろん、「雷電」や「紫電」二一型（「紫電改」）でも容易でない対B－29戦闘に、大きなフロートを付けた水戦が参加すること自体、無理があったと言えよう。追撃しても投弾後のB－29の方が確実に速く、二式水戦などは空気の薄い高度九〇〇〇メートル以上では、機首上げの姿勢でやっと浮いていられる状態だった。

同じころ、大津空の「強風」も琵琶湖からB-29邀撃を実施した。九期飛行科予備学生出身の小畑大尉（十九年十二月に進級）は三〇キロの空対空用三号爆弾二発を下げた「強風」で、森上飛曹をつれて、紀伊水道から大阪上空を通り抜けたB-29三機を、琵琶湖北部の上空で待ち受けてつかまえる。高度八〇〇〇メートルのB-29に、一万メートルから三号爆弾の投下をはかったのに、凍結して落ちない。小畑大尉は後上方から機銃の一撃をかけたものの、有効弾は認められなかった。

小畑大尉と森上飛曹はほかに、偵察に飛来したB-29も攻撃している。捕捉できただけでも特筆されるべきで、このとき放った射弾も致命傷は与えられなかった。

陸上戦闘機の操縦員不足により、十九年後半には二座水偵からどんどん零戦隊へ移っていった。大津空でも十九年夏には二座隊は解散しており、小畑大尉も二十年春に防空戦闘機部隊の三三二空へ転勤している。

強敵・艦上戦闘機

昭和二十年の二月上旬までは、内地上空を飛ぶ敵機はB-29だけだった。したがって防空戦闘機隊も、単一の邀撃パターンをくり返していればよかった。

だが二月十六日の早朝を境に、日本上空の防空戦の様相は一変した。二月十三日にウルシー環礁を抜錨した米第58任務部隊の空母群が、十六日に東京の南東洋上に現われ、七波にわたって合計九四〇機（日本側判断）の搭載機を送り出したのだ。

敵戦闘機の侵入により、それまで対B－29昼間邀撃戦力の一翼をになっていた、鈍重な夜間戦闘機は逃げるほかに手がなくなり、基地も銃爆撃を受けて地上で破壊される飛行機が増えていった。

水戦も夜戦と大同小異の状態に追いこまれたが、この二月十六日、性能的に大幅に優位のグラマンF6F－5と、果敢にわたり合った「強風」が一機あった。横須賀空に所属する尾形勇上飛曹機である。

第五十一期操縦練習生出身の尾形上飛曹は、鹿島空、北浦空、詫間《たくま》空・福山分遣隊の教員をへて、呉空で初めて「強風」に搭乗。上昇力の大きさを知って「二式水戦が軽トラックなら『強風』は戦車」の感を抱いた。その後、横須賀空付になり各種水上機のテストを担当、木更津に置かれた「強風」二機にもしばしば乗った。

「強風」でＦ６Ｆを撃破の尾形勇上飛曹（飛曹長当時）。

二十年初めには高度四〇〇〇メートルを飛ぶB－29を、陸軍の一式戦闘機「隼」とともに追撃したが、敵の方が四〇キロ／時ほど速く、射撃位置に占位できず取り逃がしている。

二月十六日午前七時五分、千葉県白浜の陸軍監視哨が北上する敵小型機編隊を発見。陸海軍戦闘機隊は夜戦をはずして、邀撃に移った。横空の「強風」二機も木更津で発進準備にかかり、一機が不調だったため、尾形上飛曹のみが出撃。上飛曹は熟練操縦員だけあって、うまくやれば艦上戦闘機とでも交戦できると考えていた。

館山沖へ飛んだ尾形上飛曹は、零戦編隊と交戦中のＦ６Ｆ六機を発見し、零戦隊に協力すべく接近する。眼前を通りすぎたＦ６Ｆ二機を高度一八〇〇メートルで追撃し、機動空戦に入った。相手が御しやすい水上機と見てか、敵機は格闘戦を挑んできた。尾形機は二〇ミリ一梃が故障していたが、残る機銃で後方から計三撃を加え、命中弾を得て一機に白煙を吐かせた。

Ｆ６Ｆはこのあと戦闘空域を離脱し、尾形機は午後まで付近の哨戒を続けたのち、敵を見ずに木更津に帰ってきた。尾形上飛曹が報告した交戦結果は撃破一機にとどまったけれども、「強風」による対戦闘機戦の戦果は、判明している限りではこれ以外になく、貴重な記録なのは間違いない。

艦上機は翌十七日にも関東地方へ来襲し、こんどは石井飛曹長が出撃したが、会敵せずに終わっている。

第58任務部隊は硫黄島上陸作戦を支援したのち、二月二十五日にふたたび関東を空襲。いったん西カロリン諸島ウルシー泊地に帰投してから、沖縄戦を前に西日本の航空戦力をつぶすため、三月十八〜十九日に九州と中国地方を攻撃した。

三月十七日、二式水戦を率いて奄美大島の古仁屋《こにや》基地へ進出する、九五一空（十九年十二月十五日付で佐世保空を改称。輸送船などの海上護衛を担当）の第一分隊長・米増《よねます》定治郎大尉（兵学校六十八期）の壮行会が、佐世保の料亭で開かれていた。翌十八日の午前五時ごろ、「空襲の恐れがあるから、すぐ帰隊せよ」との命令が届き、あわてて車でもどる。眠けが取れない米増大尉に代わって、十二期飛行科予備学生出身の分隊士・大井清弥《せいや》中尉の指揮で「強風」二機が発進した。

大井中尉は平戸から大村南方、佐世保上空を、八時半まで哨戒して佐世保に帰還。続いて、目がさめた米増大尉と菅上飛曹が二式水戦二機で哨戒に上がった。さらに、まもなく入った「敵戦爆連合五〇機、諫早《いさはや》上空を北上中」の情報で、十三期飛行専修予備学生出身の高橋正美中尉以下三機の二式水戦が発進する。すぐに「強風」であとを追おうとした大井中尉に、「いまの情報は間違い」が伝えられた。

だがまもなく、ふたたび「敵北上中」の連絡が入る。「強風」に乗りこんだ大井中尉は、敵小型機群が佐世保湾口の向後《こうご》崎上空を、北へ向けて左旋回しているのを見た。中尉は離水して後続の「強風」四機を探したが、どこにも見あたらない。敵戦闘機の大編隊に立ち向かっても勝ち目などまったくないので、空中避退に切りかえて低空飛行を続け、二時間ほどで帰投した。

先に発進していた米増大尉の二機、高橋中尉の三機の計五機の二式水戦は、いつまでたってもどってこない。大井中尉は三たび「強風」で離水し、五島列島一帯を捜索しても発見できなかった。

夜になって市民から「大村基地の裏手の山に、二機落ちている」と通報が入った。これが米増大尉機と菅上飛曹機で、遺体は翌十九日に収容された。このあと、やはり大村基地の湾寄りの山中で高橋中尉の遺体も見つかり、その列機の古川兵曹は、被弾だらけの水戦で有明湾に不時着水したことが判明した。

九五一空の飛行長で水上機出身の丹羽金一少佐（海兵六十四期）は、「下駄（フロート）を履《は》いた飛行機が、敵の戦闘機に向かっていっても勝てはしない」とかねてから語っており、そのとおりの結果がもたらされてしまった。

米軍は三月二十六日、慶良間《けらま》列島への上陸を開始し、沖縄戦のスタートを切った。大本営は航空攻撃を主体とした天一号作戦を発動。四月六日には、大量の特攻機による菊水一号作戦を展開する。

この六日、九五一空は佐世保鎮守府から、鈍速の三座機・零式水上偵察機三機による沖縄の強行偵察を命じられた。これを「強風」三機で直掩するのだ。飛行長の丹羽少佐は、「『強風』なんかで掩護してもしょうがないが、上からの命令だ」と伝え、沖縄まで行かなくても、零水偵の燃料補給地の指宿《いぶすき》まで同行すればいい、と指示した。

米増大尉の戦死で分隊長代理を務める大井中尉は、早朝ならば敵戦闘機と会う公算が少な

佐世保基地で九五一空の「強風」にもたれる大井清弥中尉。旧・佐世保空の所属機だ。左下は、20ミリ弾の発射口。

いと判断、「朝の五時に発進させてほしい」と希望した。

翌四月七日、大井中尉と十三期予学の滝沢貞彦少尉、それに上飛曹（氏名不詳）の三名は、発進準備をととのえて第二分隊の零水偵三機を待った。しかし、いつまでたっても水偵が来る気配はない。水偵での沖縄強行偵察は帰れる可能性がほとんどないため、特攻出撃に準じる扱いにして、佐世保鎮守府の航空参謀が来隊し、出発する前に別盃の宴を張っていたのである。

発進は午前六時すぎ。一時間のおくれは搭乗員たちの運命を変えた。零水偵三機の指揮官は兵学校七十期出身、第二分隊（三座水偵）長の日比野昇大尉。「強風」と水偵の計六機は、青空のもとを鹿児島湾上空まで飛んだ。ここで「強風」が中継地の指宿基地へ降下し、敵機来襲中を示すB旗（赤旗）を見たら、全機とも佐世保へ引き返す手はずが定められていた。

鹿児島湾の上空は高度八〇〇メートルに雲があり、下方が見えない。大井中尉は降下して雲の下に出、指宿基地の上空でB旗が出ていないのを確認した。旋回して基地の北東に浮かぶ知林ヶ《ちりんが》島《しま》を航過したとたん、上空からF4U「コルセア」三機が襲いかかってきた。中尉がやや不調気味のエンジンをふかすと黒煙を噴き出し、高度を下げて着水ののち、そのまま島と薩摩半島をつなぐ砂州に乗り上げた。

ここへ、上空で待機しているはずの零水偵三機が、縦列で入ってきた。先頭の日比野大尉機がF4Uの攻撃で炎上、大尉は火傷を負い、電信員は絶命。二番機は燃えながら海中に突っこみ、全員戦死した。三番機だけは状況を察して、佐世保へと機首を返す。

「強風」二機はF4Uに気付かないのか、雲下を旋回している。中尉は早く降りろと手で合図したが、上昇降下をくり返すだけ。すぐにF4Uの好目標になり、二機とも火を噴いて知林ヶ島の沖に墜落した。操縦員は戦死である。F4Uは砂州に乗り上げた大井機をもねらったが、燃料の関係か、銃撃を中止して帰っていった。

このF4U三機は第221海兵戦闘飛行隊の所属機で、飛行隊長のエドウィン・S・ロバーツ少佐とクレイ・D・ハガード中尉が各二機、ユージン・D・キャメロン中尉が一機の撃墜を報告し、機種は五機とも「強風《レックス》」と記録されている。実際には「強風」と零水偵が二機ずつで、もう一機は大井中尉機を撃墜と判断したものだろう。

翌八日、大井中尉はプラグを交換してもらって「強風」で佐世保に帰った。「強風」ではとてもF4Uと交戦できない、というのが中尉の実感だった。

大井中尉は四月下旬に大村の防空戦闘機部隊の三五二空へ転勤し、新分隊長として第二河和空から八期航空予備学生出身の山本穆《あつし》大尉が着任した。山本大尉は操縦がうまかったが、五月十二日に「強風」でPBY「カタリナ」飛行艇を追って、防御火器にやられたのか五島列島西方で戦死した。

夜間銃爆撃をめざす

知多半島の第二河和空では、B－29が三月から夜間無差別空襲に転じたため、「強風」による邀撃を中断していた。七月に入ってふたたび昼間爆撃を開始すると、飯塚大尉（五月に進級）の指揮で数回にわたり交戦したが、撃墜は果たせなかった。

第二河和空は昭和二十年二月に、零観および九五水偵による特攻隊を編成し、山本大尉、ついで中山大尉を長として、夜間訓練にはげんでいた。昼間では到底、敵艦隊に近寄れないからだ。

特攻訓練がほぼでき上がった七月、飛行長代理を兼務する四期航空予学出身のベテラン、飛行隊長の西村惣一郎大尉は、図書室で赤本（兵器の性能などを書いた軍極秘の説明書。表紙が赤い）を読んでいて、七・七ミリ機銃弾と二十八号ロケット爆弾の弾道が同一なのを知った。三発に一発の曳跟弾《えいこんだん》を、機銃が壊れてもいいから二発に一発とし、これを撃ちながらロケット爆弾の照準を合わせれば、敵が本土に上陸したときに、夜間銃爆撃ができる。水上機に経験が深い、大尉ならではのアイディアである。

昼食時に司令・磯部太郎大佐に話すと、「それはおもしろい。飛行機はなにを使うのか」「『強風』です」。話はトントン拍子にまとまって、西村大尉は木更津の第三航空艦隊司令部へおもむいた。特攻攻撃に賛同しきれないようすの司令長官・寺岡謹平中将は、正攻法の西村案をすぐに受け入れ、「人事局へ行って人員を手配せよ」と命じたうえ、整備参謀に「強風」を集めるよう指示した。

寺岡中将の指令は「強風」を持つ各航空隊へ伝えられ、大津空からは桑嶌少佐（五月に進級）らが河和に空輸してきた。こうして七月中旬から下旬にかけて、第二河和空にぞくぞくと「強風」が集まり、合計三〇～四〇機に達した。「強風」の主翼下にロケット爆弾のレールを装着するかたわら、「強風」による昼夜の離着水訓練が始まる。二十八号爆弾の試射は夜中に行なわれ、初弾から目標に命中して、磯部司令の祝い酒が出た。

七月下旬に零観の特攻隊が、佐賀県唐津湾の深江基地へ進出。こちらは一期飛行専修予備生徒の操縦員と十三期飛行予学の偵察員があてられ、八月七日に飯塚大尉が派遣されて指揮をとった。「強風」の夜間銃爆撃隊は十三期予学と下士官の操縦員で構成され、西村飛行隊長の指示のもと、中山大尉が指揮官を務めた。

八月三日、「彩雲」装備の一七一空・偵察第十一飛行隊長だった武田茂樹少佐が、第二河和空の飛行長として着任。兵学校六十五期出身の武田少佐は、水上機から陸上偵察機に移り、ふたたび水上機部隊へ転勤する珍しいケースになった。

「強風」銃爆撃隊の目標は、十一月上旬に九州へ上陸すると推定される米軍で、西村大尉は瀬戸内海の屋代島に中継地点を設営させていた。

「強風」隊の一員で小隊長の上原恵次中尉（十三期予学）は、特攻訓練時の乗機の九五水偵および零観に比べ、翼端失速からスピンに入りやすい点をのぞいて、速度、上昇力をはじめ全般に飛行性能に秀でた「強風」を気に入った。知多半島先端の師崎《もろざき》沖に三メートル四方の木板を浮かべ、七・七ミリ機銃による射撃訓練を一回だけ実施したのをふくめて、終戦までの彼の「強風」搭乗は合計二〇時間に満たなかった。上原さんの回想によれば、自身はもとより、操縦員の過半は訓練いまだしの感があった。

敗戦がまぢかの20年８月、第二河和空飛行長の武田茂樹少佐と生産型の「強風」。

「強風」全機の迷彩塗装が終わったのは八月十三日。二日後に雑音のひどい詔勅が入った。それでも十七日には飛行作業を再開し、十九日まで飛んだのちプロペラと機銃をはずした。十八日に飛行長・武田少佐は特攻隊を収容するため、二式水戦で唐津湾へ飛び、二十一日に引き揚げを完了。その後、分隊長・中山大尉ほか二名はＰＢＹ「カタリナ」飛行艇の先導を受けて、「強風」三機で横須賀へ飛び、米軍に引きわたした。

こうして「強風」は、その短い活動を終えた。登場時期を逸し、活躍の場を得なかった航空史上唯一の本格派水戦は、最後の花道を飾ることなく消えていった。

大艇、多難のとき

――戦時の使い道が先細る

「平時には、乗り心地がよく使いやすい。だが、いざとなると本来の弱点を現わし、多くの人員、資材を食うわりに、特定の場所、場合以外には使いにくい、効率の悪い機種」――一四年間にわたり〝空を飛ぶフネ〟飛行艇に関わった元中佐・鈴木英《すぐる》氏の、自虐的とも言える苦い回想だ。異論は当然出てこようが、正解と感じた関係者も少なくなかったに違いない。優れた搭乗員に恵まれ、列強同級機と比較して抜き出た空中性能を備えながら、海軍中枢の運用思想の誤りと戦勢のおとろえに、活動の場を奪われた二式飛行艇。大戦末期のエピソードを通して、その苦境の一面を紹介する。

墜落の背景は?

内地に来襲する敵機はB‐29爆撃機だけだったところへ、十六、十七、二十五の三日間に米第58任務部隊（機動部隊）の艦上機群が来襲して、防空戦が新たな段階に入ったのが昭和二十年（一九四五年）二月。

その苦しい月がすぎ、さらに苦しさを増す三月に移るころ、神奈川県にある横須賀航空隊・第六飛行隊の指揮所に入ってきた山下俊《とし》技手は、左側の板壁に掛かった告知用の黒板に目をとめた。そこには、三月十一日に格納庫で飛行艇搭乗員の慰霊祭が催される旨《むね》が、かんたんに記してあった。

山下技手は戦後のＫＤＤ（いまのＫＤＤＩの一部）に似た国際電気通信社の空中線課の技術者で、航空本部嘱託として彼ら三名が正月から、横須賀空に長期出張中だった。日本軍航空兵力にとって最大のウィークポイントの一つである、聞こえがたい無線電話の、感度を高めるのが任務だ。横空のなかで通信とレーダーを扱う第六飛行隊の、指揮所に間借りして作業を進め、まもなく折り返し空中線（フの字形に張ってアンテナの長さを倍増させる）を用いて数倍の感度を得た。

もともと飛行機が好きな山下技手は、横須賀航空基地内の試作機、新鋭機を見て歩き、搭乗員や整備員の話に耳を傾けた。

指揮所の黒板に書かれた飛行艇ペアの慰霊祭通知を見て、技手は「南方基地から人員輸送をしてきて、本土の近くで撃墜されたのか」と思った。ラバウルやトラック諸島に残っている搭乗員を連れもどすため二式飛行艇が何回か往復した、とベテラン下士官たちから聞いていたからだ。

国際電気の三名は、逗子のホテルから横須賀基地に通った。マリアナからのB－29が初めて夜間の無差別焼夷弾空襲を大規模に実施した、いわゆる東京大空襲の三月十日の朝、最寄《もより》の追浜《おっぱま》駅から、北の空が煙でまっ黒に染まっているのが見えた。

この日、隊内電話（編隊内で用いる無線通話）の空中テストのため、山下技手は濃緑に塗られた九七式艦上攻撃機の電信席に乗りこんだ。機内に貼られた銘板の製造時期の欄に「昭和十二年七月七日」とあるのを見て、ちょっと奇妙な偶然を感じた。当時なら日本人に周知の、日華事変の勃発《ぼっぱつ》日なのだ。

彼がこの機を九七艦攻の試作型、十試艦攻の二号機と知るのは、もちろん戦後になってからだ。試作機を軍が輸送や連絡用に使い続ける例はいくつもあるが、これはその一典型と言えよう。

離陸して海上に出るか出ないかのうちに、艦攻のエンジンが止まった。まだ主脚を出したままの機は右旋回して、滑走路をはずれた草地に降着し走り続ける。このまま直進すれば格納庫にぶつかるため、操縦員は右へ操向。急なひねりを受けて主脚柱の基部が翼上に突き出し、機は胴体着陸のように座りこんで止まった。

二人の搭乗員は座ったままなので、山下技手が最初に機外に出る。するとベテラン偵察員の吉田飛曹長が無線電話で話す声が聞こえてきた。「指揮所、指揮所、こちらは飛行場のま

ラバウルの湾内に進出した第十四航空隊の二式飛行艇一一型。ただし、シドニー爆撃を目的にした昭和17年夏の状況である。

んなか……」。

十試艦攻二号機は廃棄処分になり、以後はオレンジ色（試作機塗装）の「白菊」機上作業練習機に替えてテストを続行した。

山下技手が気にとめた飛行艇搭乗員の慰霊祭が催されたのは、この事故の翌日、十一日だ。横空の隊員ではなく、飛行艇関係者でもない彼は参列しなかったが。

内地にいた二式飛行艇のラバウル往復は、実際に行なわれていた。

ラバウルの航空兵力の総引き上げが実施されてから三ヵ月後の昭和十九年五月中旬に、第十一航空艦隊司令部に直属のサイパン派遣隊が務めたのが、その一番手だったと思われる。十一航艦の本拠地ラバウルに飛行機がなくなっても、その出先機関の同派遣隊は、二式飛行艇を輸送用に直した同型の「晴空《せいくう》」を一機持っていて、残留搭乗員や司令部の参謀ら三〇～四〇名を救い出してきた。

二回目の六月十一日は派遣隊指揮官の楠目《くすめ》亮《まこと》中尉が機長を務め、トラック諸島・夏島を中継ののち、ラバウルに面した夜のシンプソン湾に着水。湾内の小さな松島で、燃料を補給しつつ、ゴム艇（搬送用のゴムボート）に乗ってやってくる搭乗員たちを乗せる。早朝に発進し、無事に任務を完遂した。

この種の任務は他の飛行艇装備部隊に引きつがれた。あと二ヵ月で敗戦という昭和二十年六月にも、輸送部隊の一〇二一空の「晴空」が、マラリアの特効薬キニーネをふくむ物資を届け、かわりに傷病者を引き取る目的で横浜水上基地を飛び立っている。ただし、横空がラバウル空輸に従事したかは判然としない。

雷撃などナンセンス

二式飛行艇の原型である十三試大型飛行艇の試作発注がなされた昭和十三年は、航空兵力の真の威力がいくぶん理解され出したころだ。しかし、連綿と続いてきた海軍の中心思想たる、大艦巨砲主義を基幹とする艦隊決戦方針には、大した影響は及ぼさず、航空はあくまで補助戦力の域を出ていなかった。

したがって、遠く洋上へ進出、敵艦隊を雷撃し、一隻でも減らして味方艦隊の砲撃戦に貢献することが四発飛行艇の重要な任務、と考えられたのはむしろ当然だ。長大な航続力と、大艇にしては高い速度と機動性を、用兵側が求めたのはこの運用法のためだが、そこには、空対艦攻撃についての判断力と、戦闘機を積んだ敵空母の存在が、ともに欠落していた。飛行性能が世界水準を抜いていても所詮《しょせん》は鈍重な大艇が、敵艦隊の弾幕を突っ切って雷撃を成功させ得るはずはなく、ましてや戦闘機とは勝負にならない。米英のこの機種がそうであったように、偵察と輸送、それに対潜哨戒が適役だったのだ。二式飛行艇は確かに優秀ではあっても、敵の同級機との飛行性能差の分だけ有利だったとは思いにくい。

二式飛行艇の主生産タイプである一二型（H８K２）の、最大速度四五五キロ／時は、四発大艇としては傑出している。けれども軍令部、航空本部の用法上の思惑は、さらに高速な二二型（H８K３）を生んだ。

補助フロートを翼端引き上げ式に変え、背中の銃塔を引き込み式に改めて、空気抵抗の減少をはかったタイプで、一二型と同一エンジン、重量増ながら、カタログ値で最大速度は一六キロ／時アップ。工数およびコストの増加、機構の複雑化がまねくトラブルの増加を考えると、採用か否か意見の分かれるところだろう。

航空技術廠／第一技術廠関係者の執筆になる回想記集『航空技術の全貌』には、二二型二機の製造時期は昭和十七年とあるが、十八年が正しいようにも思える。

米軍の航空優勢に拍車がかかった昭和十八年以降、いかに優秀な搭乗員をもってしても二式飛行艇の敵艦隊雷撃など夢のまた夢、昼間の要地爆撃も不可能で、攻撃用兵器としては使えなくなった。制空権がなくては偵察、輸送、対潜哨戒も、敵戦闘機が出てこない薄暮から黎明のあいだに実施せざるを得ない。

こうした状況に、受け身の戦いが苦手な海軍の、使い勝手のよくない大艇に対する期待と関心が薄らいだのは当然で、川西航空機の受注数も急速にしぼんだ。ほんとうは不利な事態のもとでこそ、ラバウルへの空輸をはじめ、敵の意表をつく隠密行動力を発揮する機会があるのだが。

御賜《おんし》のテストパイロット

二機の二二型の「火星」一一型エンジンを、「火星」二五乙型に換装したのが二式飛行艇二三型（Ｈ８Ｋ４）。出力が変わらないのに取り換えたのは、「火星」二五乙型が吸入管への燃料噴射式だからだ。

気化器を必要としない噴射式の利点には、①機の姿勢による影響なし、②燃費の向上、③始動が容易、などがあげられる。①は、宙返りや背面降下などの機動はとらない大艇には無縁だが、②と③は、長距離を飛び、エンジンが四基もあるから、切実な利点と言えた。

エンジンをすげ換えた時期は定かではないが、昭和十九年末から二十年初めのころと推定される。大きな改修なので、海軍側の領収飛行と性能テストが必要になる。担当は横須賀空の審査部だ。二月に入って、川西での領収の日取りが決まった。

当時、横空審査部の水上班では、飛行艇の主務部員を佐々木孝輔大尉、副部員を金子英郎《ひでろう》

補助フロートの形状を変え、翼端引き上げ式に改修した二式飛行艇二三型。八〇一空に領収されたのちの撮影で、運搬車の上の250キロ対潜爆弾をこれから主翼下面に取り付ける。

少尉が務めていた。操縦キャリアは階級とは逆で、兵学校出の佐々木大尉（第三十五期操縦学生）がこの時点で四年二ヵ月なのに対し、四等兵から叩きあげの金子少尉（第二十三期操縦練習生）は一一年四ヵ月だった。

　大戦末期において、四年余の飛行経験は文句なくベテランの範疇《はんちゅう》に入る。その三倍に近い金子少尉の腕前がどれほどの高さか、想像に難《かた》くはあるまい。

　金子少尉の操練志望時には、おもしろいエピソードがある。観相学の水野義人氏が、紙にとった手形の中から彼のものを選び出し「下手の見本だ。これを（操練に）採用してはだめです」と担当官に言ったそうだ。ところが、金子練習生の成績は抜群で同期のトップに立ち、御賜《おんし》（天皇からの下賜品。恩賜にあらず）の銀時計を授与される。

　水野氏の観相の有効性が認められて、搭乗員採用時の適性検査に併用されるのは、それから二年あまりのちの昭和十一年だ。的中率がそれなりに高かった、といわれる氏の観相・手相のキャリアのなかで、金子少尉への判定は完全にはずれた実例と評さざるを得ない。

話をもどす。

空襲下のマーシャル諸島ヤルート環礁にいた第八〇二航空隊から、横須賀基地に隣接する航空技術廠飛行実験部に転勤した金子飛曹長（当時）は、与えられた大仕事に全力を打ちこむ。重量のわりに小さくまとめられ、かつ幅が狭い艇体の二式飛行艇に顕著な、過荷重離水時の悪癖ポーポイズを、解消するためのテスト飛行だ。

洋上にウエーキを曳いた二式大艇が離水にかかる。おさえかねるポーポイズを発生する危険をはらんだ緊張のひととき。

水槽での実験データを、大村湾で実機を使って試していく。ポーポイズはイルカの泳ぎに似た飛行艇の上下機動で、いったん陥《おちい》れば回復しがたく、ついには海中に突入してしまう。したがって、技師や技術士官が出した実験データを正確に再現できて、そのうえに、この自殺機動に入らせない優れた技量が、操縦員に求められる。

昭和十九年春の三ヵ月間、神経をすり減らすテスト離水を金子飛曹長がこなしたことにより、適正な

「晴空」三二型（横須賀鎮守府所属機）が横浜水上基地沖を滑水する。胴体に設けられた乗客用窓が輸送機型らしさを表わす。

機首上げ角度とステップ（艇底の段）の位置の両方を確定できた。これを受けて、機首上面に付くカンザシと呼ばれた角度判定具の応用徹底が定められ、ポーポイズの事故はあとを絶つ。

二ヵ月ほどのちの七月十日付で空技廠飛行実験部は廃止され、横須賀空のなかに新編の審査部が性能テストを継承。飛行実験部のメンバーもほぼそのままスライド転勤した。

金子飛曹長が少尉に進級したのちの昭和二十年二月に、審査部の飛行艇副部員としてふたたび性能テストに携わったのが、前述の二式飛行艇一二三型だった。彼はこの機を二二型と記憶し、エンジン換装ゆえの試飛行および領収飛行とは聞かされていなかったらしい。このあたりの事情は判然としない。

グラマンが待つ空へ

横空審査部が二式飛行艇一二三型の領収飛行を目的に、川西の鳴尾本工場へ出向いたのは二月十四日。

横須賀基地東側の滑走台を離れた輸送機タイプの「晴空」三二型が、見た目には重そうに滑水を始め、やがてみるみる速度を高めると、巨体を空中に浮き上がらせた。機内には金子少尉と飛行艇主務部員の佐々木大尉のほかに、水上偵察機副部員の能代清一中尉、横空第四飛行隊（水上機と飛行艇）の水倉喜代四大尉と、空技廠の工員数名が乗っていた。

審査部は自前の飛行艇を保有していない。これに対して、実用テストを主務とし、実戦行動も請けおう第四飛行隊は、一二式と「晴空」を合わせて定数六機で常備する。そこで「晴空」を借りるとともに、第一期乙種飛行予科練習生出身の大ベテラン・水倉大尉に往復の操縦を依頼した。ちなみに第一飛行隊は昼間戦闘機、第二が艦爆、第三が艦攻だ。

操練十七期の能代中尉は、水倉大尉よりもさらに古い一三年半の飛行キャリアを持っていて、大艇の操縦も堪能《たんのう》。冗談の得意なゆかいな性格で、出発前に「たまには川西でごちそうになってこなきゃ」と笑っていた。川西では実際、来社した横空や空技廠の面々を歓待するのが常だった。

翌十五日に鳴尾本工場の沖で、金子少尉が操縦輪をにぎって領収飛行にかかり、とりたてて問題は生じないまま終了した。性能テストは横空にもどって始めるのだ。

十六日の朝、帰途につく前にもう一度、補助フロートの動きを試したところ、不具合な状態だったので、手直しのため二三型は残り、「晴空」を先発させることになった。

能代中尉が「金子、おまえ新婚だから先に帰れよ、カーチャン待ってんだから。（二三型は）俺が持っていってやる」と気を利かして勧めてくれた。確かに少尉は茂《しげ》夫人と四ヵ月前に結婚したばかりだ。

ところが、この厚意に佐々木大尉が水を差した。「おまえは（領収の）主務者だから残らなきゃだめだ。そのために来ているんだ」。本当の主務者はもちろん大尉だ。領収飛行の操縦担当者、という意味で言ったのだろう。融通がきかない感じだが、試作機の安全空輸の観点からすれば、彼の言葉は間違ってはいない。

結局「晴空」には、水倉大尉、能代中尉、空技廠発動機部の田島技術大尉、桑島技術中尉と桜井工長ら三名、それに川西から宗全佑《そうまたすけ》技師ら二名が乗りこんだ。

二人の技術士官は、「火星」一一五型の関係で以前から鳴尾の工場に来ていたものと思われる。彼らの所属組織は、正確にはもう空技廠ではなくなっていた。前日付で第一技術廠に改編されていたからだ。

川西の宗技師は四期整備科予備学生の出身。予備少尉に任官後の昭和十七年九月、その優秀さゆえに、退役後の就職予定先である川西の依頼により、海軍が召集解除の措置をとり、技術者として民間人にもどっていた。二ヵ月前に妻を娶《めと》ったばかりなので、金子少尉よりもいっそう新婚ホヤホヤである。

名手・水倉大尉の操る輸送飛行艇はあざやかに離水して、東の空に機首を向け、飛び去っていく。金子少尉はしだいに小さくなる機影を見送った。

かなたにまだポツンと黒点が見えているとき、横空から驚くべき連絡が入った。敵艦上機が関東に大挙来襲中、という。本日の帰投を見合わせよ、との指示だった。

少尉も佐々木大尉も寝耳に水の事態だ。そしてすぐに「晴空」には無線機が積まれていないのに気づいて、愕然《がくぜん》とした。引き返すように伝えるすべがない。いまから飛行機を用意して追いかけても、とても間に合いそうになかった。「晴空」が関東に達する一時間半のうちに、敵機群がいなくなるのを願うのみ。

もしも彼らが軍の施設にいたのなら、空襲の情報は速やかにもたらされて、発進することはなかったに違いない。

横空審査部水上班の指揮所前で籐いすに座る金子英郎少尉(右)と能代清一中尉。大村湾のポーポイズ・テストではそれぞれ主操と副操を務めた。

事態は暗転した。「晴空」は相模灘の上空で敵機につかまって、撃墜された。防御機銃が二梃だけ(外していた可能性が少なくない)の飛行艇は、逃れる手段を持たなかった。機体は海没し、田島技術大尉の遺体だけがのちに熱海の海岸に漂着する。

この日、第58任務部隊の空母群から発した米海軍と海兵隊の艦上機が、報告し

米軍機に襲われた二式飛行艇一二型が、白煙を吐きつつ海面へ向けて落ちていく。Ｆ６Ｆの機銃弾を受けた水倉大尉らの「晴空」の最期も、このような状況だったのではあるまいか。

た日本機撃墜数（不確実を含む）は合計で約三四〇機。誤認と重複がたくさん含まれる点はさておいて、このおびただしい犠牲のなかに一機だけ、米側が「エミリー」と呼んだ二式飛行艇がある。

空母「ワスプ」搭載の第81戦闘飛行隊に所属する、ワイン・R・チール大尉のグラマンF6Fが、午前十一時五十分（ウルシー時間とすれば日本では十一時三十分）に相模湾西部の空域で撃墜した大艇だ。彼の戦果が横空第四飛行隊の「晴空」であることに、疑いの余地はない。

国際電気の山下技手が指揮所で目に留めた、慰霊祭通知の飛行艇搭乗員とは、被墜の「晴空」に乗り合わせた人たちだった。佐々木大尉の引き止めは人情的にはいささか悖《もと》ったが、もし彼の言葉がなかったなら、金子少尉は祭られる側へまわっていたはずだ。

象徴的な短命

敵艦上機群は翌二月十七日も、午後四時ごろまで関東上空を乱舞した。佐々木大尉たちはこの日は見送って、十八日に二式飛行艇二三型で横須賀基地に帰ってきた。

引き上げ式の補助フロートについては、航空本部はそれほどの関心を示さず、川西技術陣の意気ごみだけが強く感じられた。この時期の大艇の置かれた立場を考えれば、両者のムードの差は容易に理解できる。

性能テストも主として金子少尉が実施した。川西側の「一二型に比べ最大速度で一〇ノット（一八・五キロ／時）増」の推算値に対し、実際には五ノット増に止まった。技術者たちの不審を受けて再度テストで飛んだが、同じ結果が出た。

離水から失速にいたるまでの各速度、上昇力など、飛行性能は一二型とまったく同等。逆に、高速飛行時の風圧による補助フロートの留め金の外れ、補助フロートの容積減少による滑水条件の悪化、といったマイナス面が生じた。これにより、重量が二トン増え、構造と操作の複雑化を招いただけ、との評価が下された。

数日間の性能テストを終えた二式飛行艇二三型は、実施部隊の実用テストを受けるため、ほど近い横浜水上基地へ運ばれた。

当時、香川県の詫間《たくま》に司令部を置く第八〇一航空隊は、もともとの本拠地である横浜基地に派遣隊を設けていた。派遣隊長は、本稿前半部分に記述のラバウル空輸行の成功者、楠目大尉（昭和十九年十二月に進級）だった。

二三型のテストの主操を楠目大尉が担当した。ただし彼も金子少尉と同様に、この機を二二型と覚えている。改修後まもなくなので、説明した者（川西の技術者？）が二三型に変わったのを知らないで、旧型式の番号を伝えたためではなかろうか。

東京湾上空のテストで一三五ノット（二五〇キロ／時）の巡航時に、補助フロートを引き上げると五ノット確実に増速できた。審査部での性能テストで最大速度時にプラス五ノットだったから、大型機ゆえに一定以上の速度域では増速量には大きな差がなかったようだ。

巡航状態での補助フロートの揚降は振動もなくスムーズに作動し、「うまくできている」と楠目大尉を感心させた。データを計測したわけではないが離水時に、ブースト圧を高め機首上げの角度を定めてすぐにフロートを引き上げると、加速が促進され浮揚が容易なように思われた。

しかし彼は二三型の速度向上を買わなかった。大艇にとって五ノットの差は大きな意味を持たない、と判断したからだ。

第十期飛行科予備学生出身の楠目大尉の操縦キャリアは、このとき三年弱。飛行艇乗りとしては古参とは言えないが、作戦飛行や転勤移動時に、間一髪のきわどい運命の分かれ目をいくつも経験して、大艇の性能の本質を見抜いていた。搭乗員には珍しく、もともと飛行機に興味がないのが、かえって冷静な観察眼につながったのかも知れない。

泥縄式に施された防弾鋼板や燃料タンクの防漏《ぼうろう》用ゴムは、領収時に外してもらっていた。

部隊で除去したこともある。「一部の座席やタンクに耐弾装備をしても、戦闘機につかまったら役に立たない。軽くなった分よけいに燃料を積んで、一時間長く飛び、かつ速度を増したほうがいい」との大尉の判断だ。操縦席と指揮官席だけに付けられる防弾鋼板をなくして、死なばもろとものムードを作ったほうが、連帯感が高まるのだ。

ひととおりテストを終えた二式飛行艇二三型を、楠目大尉が本隊のいる詫間基地へ運んだ。横浜基地にもどってくると「この前は横空のテストパイロットたちが茅ヶ崎沖で落とされたのに、大尉は運がいい」と言われたところから、第58任務部隊が再来襲した二月二十五日のすぐあとだったと考えられる。

楠目亮大尉がH－6レーダーを装備した八〇一空の一二型の前に立つ。横浜空で。

もう一機の二三型も八〇一空へ引きわたされ、二機とも詫間に配備された。しかし、大艇にとってあまねく多難な状況では武運を維持できず、まもなく終焉《しゅうえん》が訪れる。

まず三月一日に中島正己上飛曹が機長を務めて、偵察任務で詫間を発進ののち、まったく連絡がないまま未帰還。ついで三月十一日、第58任務部隊の泊地ウルシーへ特攻に向かう梓《あずさ》隊の「銀河」陸上爆撃機の、誘導一番機として杉田正治中尉らのペアが乗り組んだ。巡航速度の大きな「銀河」にいくらかなりとも対応できるよう、二三型が選ばれたといわれる。鹿児島湾内の鴨池《かもいけ》をやや遅れて離水したが、「銀河」と合同することなく消息を絶った。

米軍には中島上飛曹機に該当する撃墜報告の記録がない。杉田中尉機のほうは、米海軍の哨戒爆撃機PB4Y-2「プライバティア」につかまり、撃墜された。同じ四発機でもPB4Yは、攻撃力、防御力ともに二式飛行艇が抗しがたい相手だった。

最後に後日談を。慰霊祭の飛行艇搭乗員に関する情報を、山下さんは戦後も探していた。ようやく金子さんが関係者と分かって連絡をとり、水倉大尉たちの名前と状況を教えられたのは、彼らの戦死からあと五日でちょうど五〇年になる、平成七年(一九九五年)二月十一日のことだった。

「流星」の名のごとく

——登場が遅すぎた優秀機

二つの個性

かつて、愛知時計電機／愛知航空機を「田舎会社」とさげすんだ航空評論家がいた。これほど根拠のない無礼な批評は珍しい。零式水上偵察機で確立された愛知の機体設計技術は、十六試艦上攻撃機／「流星」と十七試特殊攻撃機／「晴嵐」で世界水準を確実に抜いた、とすら言えるのだから。

性能、武装に過大な数字をならべたうえ、艦上攻撃機と艦上爆撃機の異なる機能を併有させる、例外的に二座（複座。それまでの艦攻は三座）十六試艦攻の要求仕様は、発注主である海軍航空本部の傲慢《ごうまん》さすら感じさせる。だが、尾崎紀男技師らの設計陣はよくこれをこなし、しっかりと結実させた。空力と機構の技術的勝利だった。

試行をかさね、実用化に手間どった「流星」の作戦歴はごく短い。あえてそこにスポットをあて、愛知の力量を証明しつつ、日本最後の艦攻と乗り組んだ搭乗員たちが戦う姿を、正しく再現してみたい。

重い魚雷を抱いて低空を敵艦に迫る艦上攻撃機は、飛行姿勢を安定させるために大面積の主翼を必要とし、機動性（運動性）は二の次になる。これに対し、敵艦の上空から深い角度の急降下に入り爆弾を投下する艦上爆撃機にとっては、機敏な運動性と頑丈な機体が不可欠で、主翼はむしろ小さい方がいい。

相反する特性を有する艦攻と艦爆を、同一機でまかなおうとする十六試艦上攻撃機の試作が、受注した愛知時計電機の設計チームを「難しい」と嘆かせたのは当然だった。

いくつもの難関を乗り越えて一号機が完成したのは、海軍航空本部の試作指示から二年近くのちの昭和十七年（一九四二年）十二月。性能テストを担当する航空技術廠・飛行実験部では、高岡迪《すすむ》大尉が主務パイロットに指名され、試飛行に取りかかった。

過大な要求をクリアーさせる機体の外形と内部構造の変更、増大する重量への対策、小直径・大馬力のNK9（十七年九月に「誉《ほまれ》」と命名）の不具合多発などで、時間はどんどんすぎていく。当初の試製「流星」（B7A1）が試製「流星改」（B7A2）に変わったのち、横須賀航空隊・審査部（航空技術廠・飛行実験部を十九年七月に改編）から横須賀空・第二飛行隊にテストがバトンタッチされるのに、昭和十九年十二月までかかった。

横空・第二飛行隊は、横空艦爆隊と呼んだほうが通りがいい。審査部で性能テストを終えた試作機の、実用テストを請けおう。転勤後まもない薬師寺一男大尉が「流星改」の主務を命じられた。高岡少佐（十八年六月に進級）が艦攻の出身なのに対し、薬師寺大尉は実戦経験豊富な艦爆の操縦員だ。

「流星改」(「流星」一一型)のクローズアップ。細い機首、逆ガル翼、広い主車輪間隔、大型爆弾倉(閉状態)など特徴が多い。

実戦面は別として、ことテスト飛行に関するかぎり、艦攻よりも艦爆のほうが手間がかかる。急降下爆撃の大きなGに耐える機体強度と、固定機銃を用いた空戦機動時の飛行特性を調べねばならないからだ。とりわけ降爆（降下爆撃の略）テストは危険度が高く、かつ実施部隊へわたしたのち事故が起きないように徹底的に行なうから、艦爆専修者でないとこなしきれない。

すでに直すべきところは直してあったため、横須賀航空基地での実用テストは、さしたるトラブルなく進んだ。

十六試艦攻の外形上いちばんの顕著な特徴、中翼配置で主脚を短くするために採用した逆ガル翼（正面から見てW型の主翼）のおかげで、降爆時の横安定にすぐれ、「コロコロしたかんじの『彗星』艦爆と違って、きれいにダイブに入れる」と薬師寺大尉を感心させた。翼面荷重（全備重量を主翼面積で割った数値）一六一キロ／平方メートルは、実用艦攻、艦爆のうちで最も大きい。すなわち機体が重くて、降下角が深くなりがちなので、やや浅めに入《い》ればちょうどいいと分かった。

もう機動部隊の再建は不可能な時期だったが、残存空母（「葛城《かつらぎ》」か？）での着艦テストも実施された。着艦はきわめて容易、と薬師寺大尉が判断した最大要因は、「誉」エンジンを包んだコンパクトなカウリングの上面ラインを、さらにできるだけ押し下げた機首にある。この処置は、実施部隊の隊員たちから着艦時の視界の重要度を聞かされ、図面に具体化した、設計チームの成果だった。主力機材の空冷エンジン付き「彗星」と比べたら前が見えすぎるほど、とまで大尉は高く評価した。

三式一号射爆照準器の装備も彼を喜ばせた。九九式艦爆の九五式にしろ「彗星」の二式にしろ、眼鏡式、鏡筒式の望遠鏡タイプの照準器は、降下中に気温の変化でくもる欠点があった。光像式の三式一号にはこの心配が無用なうえ、降下角と投弾高度の変化につれて照準角を変えられるから、命中率の向上も期待できた。ただし照準器を開発するのは空技廠であり、愛知航空機（十八年二月に愛知時計電機を改称）とは関係がない。

夜間使用時に幻惑されないように照準環の輝度調節を改造する程度で、「流星改」と三式射爆照準器とは相性がよく、便利に使えたという。

再建部隊に飛行機なし

攻撃機には「山」が付く名、爆撃機には天体の名を用いるのが、海軍の昭和十八年以降のルールだ。したがって「艦上攻撃機『流星』」（改修型が「流星改」）は二機種の折衷《せっちゅう》名称になり、開発目的に沿っている。

昭和20年１月、国分基地で新機材を待つ13期予備学生出身者たち。左から山口善雄少尉（操縦）、堀口利男中尉（偵察）、砂川啓英少尉（偵。８月13日戦死）、郡田英男少尉（偵。７月25日戦死）、笹沼正雄少尉（偵。８月９日戦死）。

けれども実用テストが、横空艦爆隊で艦爆操縦員の主務者によって進められたのは、艦爆重視の方向をにおわせる。そして、最初で唯一の装備部隊に艦爆飛行隊が選ばれたのも、これに合致する。

昭和十九年七月に開隊し、十月の台湾沖航空戦と、それに続くフィリピン決戦を「彗星」で戦って、壊滅した攻撃第五飛行隊。攻五と略記し、ケイゴ（K五）と略称されるこの艦爆隊は、二十年一月五日付で第一航空艦隊司令長官麾下《きか》の第七六一航空隊（十一月までは七五二空）から三航艦の七〇一空の指揮下に編入され、戦力回復に取りかかった。

三航艦の錬成部隊二一〇空で空冷「彗星」の訓練を終えた、第十三期飛行予備学生出身の山口善雄少尉ら五名が、陸路で鹿児島県国分基地に着任したのは十九年の十二月末。彼らへの辞令は九三式中間練習機の教育部隊・国分空付だったが、赤トンボを教えるわけでもなく四～五日をすごすうちに、フィリピンから帰還した飛行隊長の大淵珪三《けいぞう》大尉が現われた。

一月上旬～中旬のうちに山口少尉の同期生一四～一五名があいついで国分に着任。彼自身にも、あらためて攻五への転勤が発令された。十四日には分隊長に補職された美田雄次郎大尉も着任し、ほかにベテラン偵察員の伊藤義治飛曹長が加わった。飛行科の下士官兵も逐次数を増し、月末までに五〇名近くが到着。これらの人々はみな他の組織からの転勤であり、攻五開隊時からの在隊者は大淵大尉だけだったようだ。

搭乗員がそろい出したのにくらべ、機材の充足はさっぱりだった。一月のなかばに親部隊の七〇一空から九九艦爆二二型六機を借り受けて、定着（定点着陸の略）訓練を開始。降爆擬襲《ぎしゅう》（演習）や編隊飛行へと作業は続いたが、以後二ヵ月以上ものあいだ使用機はまったく増えず、さりとてフィリピン戦で使った「彗星」の導入もなかった。艦爆四八機が定数の実施部隊としては、異常とも思える状態だ。

飛行機は少ないのに、二月上旬のうちに先任分隊長で操縦員の森正一大尉、先任分隊士で偵察員の門松安彦中尉が着任して、飛行科の幹部はほぼそろった。准士官のベテラン、古参・新参こもごもの下士官も数を増す。

真珠湾攻撃以来、母艦の艦爆隊で戦い抜いてきた、准士官への昇進がまぢかの小瀬本《こせもと》國雄上飛曹もその一人。空母「瑞鶴」で比島沖海戦に参加ののち、攻五に転勤して敗色濃いフィリピンを飛び、きわどく内地に帰還できた。

搭乗員ばかりではない。整備の准士官、下士官兵も国分基地に集い始めた。

攻五のような特設飛行隊は所帯が小さいので、燃料・弾薬補給、エンジン換装や大修理などの大がかりな整備作業、事故の後始末などは、航空隊、基地隊の整備隊にまかせる。飛行隊の整備分隊が手がけるのは、エンジン、機体に関する直接的な作業だ。それだけに、整備術教育を受けた、いわゆるマーク持ちの隊員が多く、水準が高い。

もはや実用機とは言いがたい九九艦爆が五〜六機しかなくて、人材ばかりが整っていく飛行隊。当然そこには理由があった。

新鋭機の感触

大淵飛行隊長に「きさまらの腕はなっていない」と断じられ、定着訓練でしぼられていた一月末〜二月初めのある日。命令を受けて、山口少尉、平野政春少尉、歴戦の兼松長上飛曹ら四名の操縦員は、汽車で国分から大分基地におもむいた。

基地には薬師寺大尉が待っており、ほかに宮地栄一中尉もいた。兵学校七十二期出身の宮地中尉は、飛行学生を終えてまだ半年の操縦キャリアだが、横空艦爆隊で「流星」「流星改」の実用テストに加わっていた。

そして山口少尉ら四名にとって、初めて見る「流星改」が二機。彼らの任務は、薬師寺大尉らにこの新鋭機の操縦訓練を受けることだったから、「なっていない」と評された十三期予学の同期のうちでは、山口、平野両少尉の技量は高かったわけだ。

陸上爆撃機「銀河」と、陸軍雷撃隊の四式重爆撃機「飛龍」が展開する大分基地の飛行場で、薬師寺大尉が偵察席に同乗して操縦訓練が始まった。複操縦装置付きの「流星改」はなく、前席の操作ミスや突然の故障が生じれば、もろともにあの世行きの可能性が濃い。大尉にとっては体を張っての指導だった。

操縦席についてすぐ、山口少尉は驚嘆した。空冷「彗星」では機首に前をふさがれて、立ち上がらないと見えないのに、座ったままで前方視界を確保できる。このため滑走して尾部が上がると、プロペラが地面を叩くのでは、という錯覚に襲われた。

一週間ほどの離着陸訓練に続いて、各種の飛行を試みる。「彗星」よりも安定感があり、しかも速い。急降下時の特性もよく、機体強度に対する不安はなかったが、機首ラインの影響で降下角がより深く見える感じを山口少尉は抱いた。

大分基地には当時、横空から来ているもう一つのグループがあった。

空母「祥鳳」の艦攻隊で珊瑚海海戦を戦った志田佳治《よしはる》上飛曹は、昭和十九年十二月に台湾・台南空の教員から横空に転勤。艦攻の第三飛行隊に編入され、横須賀基地で飛行作業にかかるはずのところを、「『流星（改）』をやってもらいたい。機材は大分派遣隊にある」との飛行長命令を言いわたされた。感心しにくい人格の飛行長・飛田《とびた》清中佐が、「君ならできる」と付け加えただけの技量を、彼は持っていた。

横空大分派遣隊とは、薬師寺大尉たちをさす。志田上飛曹を含む四個ペアが組まれ、艦攻としての「流星改」の慣熟飛行訓練にはげむのが目的だった。

操縦員は吉川与四郎飛曹長、佐藤仁夫飛曹長ら、偵察員は鈴木四郎飛曹長、宇佐美幸康上飛曹らで、いずれもベテランばかり。必要以上とも思えるレベルのメンバーなのは、別命があったからだ。五機ほどでラバウルへ進出し、隠密の後方攪乱《かくらん》攻撃に従事する任務を与えられていたという。孤立したラバウルで残骸から作り直した、九七艦攻と零戦による偵察飛行からヒントを得たのだろう。

志田さんは「宮地中尉は大分基地にいたが、薬師寺大尉には会わなかった。また、到着時に『流星（改）』は一機もなかった」と回想し、逆に山口さんは艦攻ペアたちが来たのをはっきり記憶していない。時期とタイミングに若干のズレ（志田上飛曹らが先で薬師寺大尉らがあと？）があったのか。

宮地中尉の指揮で志田上飛曹らは、愛知航空機の挙母《ころも》飛行場へ「流星改」を取りにいき、四〜五機を持ち帰った。「天山」艦攻の搭乗経験がない上飛曹にとって、巡航で九七艦攻一二型より六〇ノット（約一一〇キロ／時）も速いのが最大の長所であり、癖のない操縦性にも好感がもて、発射運動（雷撃時の機動訓練）に熱が入った。

大分派遣隊には、横空で「流星」「流星改」を扱ってきた西川生士《しょうじ》中尉が率いる、小野寺上整曹ら十数名の整備員が付き添っていた。七〇一空付で国分にいた遠藤金吾中尉が、薬師寺大尉の依頼を受けて、攻五側の整備の面倒をみるため大分に移ってきた。

機関学校出の西川中尉に対し、先任の遠藤中尉は神戸高等商船からの現役入隊で、「天山」の「火星」エンジンについて造詣《ぞうけい》が深かった。大分に来てすぐに彼は、「誉」エンジンの整備性の悪さを実感する。

爆が主、雷は従

フィリピンを奪回した米軍の目標は沖縄、と判断した海軍は、南西諸島と九州を守備範囲とする第五航空艦隊を昭和二十年二月十日に新編。七〇一空を麾下に入れたため、同日付で攻五は、三航艦に残った一三一《いちさんいち》空に編入された。

一三一空の根拠基地は千葉県香取だ。攻五も国分から香取基地へ移る措置がとられ、二月中旬のうちに実施されて、他隊の「彗星」「天山」と同居した。

もう一つの変化は、二月十五日付での飛行隊長の交代。大淵大尉からバトンを受けたのが薬師寺大尉で、二人は兵学校の同期生だった。この指揮官の交代と、山口少尉らの大分での訓練から、攻五の装備予定機は「流星改」だと容易に知れる。そのために「彗星」を導入しなかったのだ。

新たな攻五の装備定数は、帳簿上はこれまでと同じ艦爆（載せる空母がないので実質的には陸爆）四八機だが、実際には主力である降爆任務の爆撃隊が三六機、補助戦力である艦攻の雷撃隊が一八機の、合計五四機だった。

また、薬師寺大尉は新飛行隊長に補職されるにあたって軍令部から、五月までに戦力を整えて硫黄島経由でトラック諸島に進出し、マリアナ方面を航行する敵輸送船を攻撃する任務を、内示されていた。志田上飛曹が聞かされたラバウル行きと一脈通じるものがある。どちらも未遂に終わってしまうのだが。

一三一空編入と前後して、遠藤中尉（三月中に大尉に進級）と西川中尉は横空から攻五に転勤。それぞれ整備分隊長と飛行隊士に任じられ、これで幹部

第七五二航空隊・攻撃第五飛行隊の「流星」一一型が房総半島を眼下に飛行中。日本機ばなれしたアウトラインが分かる。

の着任は一段落する。もちろん大分の派遣隊は全員、攻五に転入した。

香取に移動した森、美田両分隊長以下の隊員たちは、国分から持ちこんだ五～六機の九九艦爆を用いて訓練を続行した。待望の「流星改」二機が初めて香取に到着したのは三月十一日。これは愛知から空輸した新品ではなく、大分にあった旧派遣隊の装備機で、艦攻隊機のようだ。うち一機は三日後、地上走行中に左脚を折って中破した。

「流星改」の攻五での呼び名は「流星」。一三一空は書類に、「流星」一一型と型式を記している。これは三月に、「流星改」が制式兵器に採用されたためだ。以後の本稿では、量産機の「流星改」を「流星」または「流星」一一型と記す。

次の到着は三月十七日の三機。このうち一機が大分基地からの空輸機で、薬師寺飛行隊長が乗っていた。残りの二機は出どころの判定が難しい。

国分の主隊の香取移動ののちも、大分の面々は一ヵ月あまりも残留。ようやくこの日、薬師寺大尉が操縦し山口少尉が同乗する「流星」一一型が飛び立った。そのほかの者は陸行だ。

伊予灘を北東へ飛んで松山上空に来たとき、少尉は後方に二機ずつの四機編隊が追ってくるのに気づいた。三四三空の「紫電改」だ。見なれない「流星」を、同じ逆ガル翼のＦ４Ｕ「コルセア」戦闘機とでも思ったのか。一〇分ばかり追尾されたが、大尉のひんぱんなバンクを認めたらしく離れていった。

明け方近くまでＢ－29の焼夷弾空襲を受けた神戸市街地の上空を抜けて、まっすぐ東へ飛ぶ。横須賀に降り、横空司令部に立ち寄ったのち再離陸、香取に着任したのだった。

整備分隊は努力する

徴兵による熟練工の不足、十二月七日の強烈な東南海地震の損害などで、「流星」一一型の生産はとどこおった。だが、受領部隊が一つしかない（ほかには横空へ少数機だけ）のと、訓練に使うだけで消耗が少ないため、保有機数が漸増の状態でも攻五がとくに困ることはなかった。

三月下旬に一〇機に増え、四月上旬には一八機。同月末には二四機を数えた。九九艦爆は四月二十日以降は使用せず、攻五は「流星」だけの部隊になった。これを遠藤分隊長以下、約一〇〇名の整備員が取り扱う。

整備分隊士の望月末治中尉が「流星」を背にして立つ。異物を防ぐため機首下面の空気吸入口がふさいである。

その可動率はどうだったか。

「機体関係はよくできていて、まずいところはなかった。やりにくいのは『誉』エンジン。小さくて構造が密で扱いにくく、油もれに悩まされた。電気系統についても困る場合が多かった」。遠藤さんの述懐だ。「それでも可動率は六〇パーセント以上。そのかわり、整備員は夜も寝ないでがんばった」。

機関学校を出て追浜空で半年間「誉」を主体に錬成し、対潜哨戒が主任務の佐伯空から一月末日付で転勤の望月末治《すえはる》少尉は、とりたてて故障の多い機とは感じなかった。ただし、エンジンの焼き付きのような大トラブルは起こらなくても、油もれについては分隊長と同意見だ。これは「誉」に限らず、日本製エンジンの宿命でもあった。

整備分隊士は現場では指揮をとるのが役目だが、望月中尉（三月一日付で進級）は積極的に手ずからエンジン各部を取り扱い、また危険ゆえに下士官兵が避けがちな、整備後の試飛行同乗を買って出た。

実際の可動率は、三月の二〇日間はちょうど五〇パーセント。これが四月には六〇パーセントに上昇していて、遠藤氏の回想を裏づける。望月氏の記憶では七〇パーセントまで上がったそうで、整備員の慣熟度の高まりと、エンジンメーカーの中島飛行機から応援にきた技術者の熱心な協力を考えれば、充分にありうる数字だ。

しかし、いかに整備分隊が努力し熱をこめようとも、さまざまな要因からどうしても事故は起きる。

四月十五日、訓練中の「流星」一一型が香取基地の倉庫の裏に墜落。大破、炎上し、搭乗の阿部恭造二飛曹と岩井知雄二飛曹はともに即死した。

一〇日後、山口少尉機のエンジンが離陸後、第一旋回にかかるところで止まり、飛行場内にすべりこんだ。機体は大破したが、さいわい山口ペアは無事だった。

分隊長・美田大尉―伊藤直蔵飛曹長(操縦員―偵察員)ペアも別の日、飛行訓練から帰り着陸にかかったときにエンジンの調子が悪くなり、滑走中にプロペラ停止というきわどい体験を味わっている。

四月十八日には訓練を終えての着陸時に、飛行場の北側に設けられた掩体《えんたい》にぶつかって大破し、搭乗の二名は重傷を負った。あごと奥歯をやられた操縦の江口宮夫中尉は、予備学生出身ながら、飛行隊長の補佐役の飛行隊士を務める優秀な人物で、飛行作業に復帰し、木更津基地へ移動(後述)後の五月三十一日、降下姿勢のまま海に突入、殉職した。

日時は定かでないが香取にいたとき、降爆訓練中の機(平野少尉機?)が引き起こせずに、格納庫のあいだに落ちて大破した。薬師寺大尉も大分で、機首が上がらず冷や汗をかかされたことがあり、それと同じパターンではと判断。愛知と空技廠から調べにきてもらったが、原因は分からなかった。

「流星」一一型は愛知のほかに、長崎県大村の第二十一海軍航空廠でも生産された。ふだん、民間会社にケチや文句をつけがちな海軍が直営する施設だけに、さぞ優れた製品を作り出すように思えるが、さにあらず。

二十一空廠製は工作が粗《あら》いうえ、故障が多発する傾向が強く、攻五の搭乗員、整備員の両方から嫌われた。スピンを起こして突っこんだ機があり、主翼の作りがよくないからだといわれた。薬師寺大尉の大分での乗機も二十一空廠製だったようだ。
飛行中にプロペラが吹きとんだ事故も生じたため、遠藤整備分隊長は二十一空廠のスタッフと話し合ったが、信頼性は高まらなかった。

ここが気に入らない

四月の訓練状況を調べると、技量未熟な操縦員向けの地上滑走、離着陸、定点着陸、空中操作といった基本的メニューのほかに、中級以上に割りふられる降爆擬襲や発射運動、編隊飛行がめだってくる。さらには完全に上級者向けの夜間の発射運動と降爆擬襲が、下旬に始まった。

雷撃隊は五機・五個ペアの一〇名だけ。予備士官の市川秀雄中尉が先任者で指揮官だが、彼を除く操縦四名、偵察五名が腕達者なので、どんな訓練もこなせ、ダミーの魚雷を取り付けて投下する雷撃実射にも取りかかった。

当然、主力の爆撃隊とは飛行作業は別建てだ。食事などを除いて、ふだんの行動も雷撃隊だけでかたまりがちなので、志田飛曹長（五月一日に進級）には自分たちが外様《とざま》のようにも感じられた。

薬師寺氏の「流星」一一型による降爆訓練の説明。

「まず高度六〇〇〇〜八〇〇〇メートルから三二〇〜三四〇ノット（約五九〇〜六三〇キロ／時）で、降下角一五度の緩降下接敵にかかる。高度が四〇〇〇メートルに達したら抵抗板を出して急降下に入り、五〇〜六〇度の降爆を行なう。抵抗板により、終速（降下時の最大速度）は二八〇ノット（約五二〇キロ／時）ほどで収まる」

「流星」の性能を買う声は多いが、機材の好みには当然ながら個人差がある。夜間の降爆擬襲をこなせる熟練操縦員のなかから、少数派（？）の意見を二つ紹介してみよう。

艦爆専修ながら九八式陸偵を操縦し、ジャワ島、セレベス島など南西方面を飛びめぐる。ふたたび艦爆にもどって名古屋空で教員を務め、三月なかばに着任した白根好雄飛曹長は、前方が見やすく、九九艦爆と段違いの性能だが、とりたてて優秀機とは思わなかった。操縦感覚もちょっと重い気がした。

小瀬本飛曹長（五月一日に進級）にとっては、空冷の「彗星」三三型がいちばん性に合っていた。初

攻五所属の「流星」一一型が訓練飛行を目的に離陸していく。手前でながめるのは木更津基地に同居する「彩雲」の搭乗員。

めて乗ったとき「勝手が違う飛行機だ」と感じた「流星」は、舵が重く、運動性は「彗星」がまさる。燃料タンクの分割が多いので、切り換えが煩雑《はんざつ》な点もマイナス。長所は前方視界のよさ。大柄だが機体はがんじょうで、六〇度の降爆も心配なくできた。

それでは偵察員の評価はどのようだったのか。

兵学校最後の実戦参加クラス、七十三期出身の柳沢三千雄中尉の着任は三月初め。香取で他隊の「彗星」に乗ってみて、「流星」のゆったりした広さ、乗り心地のよさを「段違いに上」とあらためて実感できた。これが後席を占める者の代表的意見とみなして、差しつかえあるまい。

昭和二十年四月から五月初めにかけては、沖縄戦がたけなわの時期。強力な米軍の進撃を止めようと、なけなしの航空兵力を注ぎこんでいるときに、平均技量が高い隊員たちと他部隊にはない新鋭機を持ちながら、ひたすら訓練に邁進《まいしん》する攻五は、異例な存在だった。鹿屋の五航艦司令部からは作戦投入を望む声が上がったけれども、本土決戦時に使う方針は変更されなかった。

きわどく助かって

五月中旬、攻五は一三一空の指揮下を離れて七五二空に編入され、基地も七五二空司令部がある千葉県木更津に移った。

標的艦を目標に動的雷爆撃の訓練も進め、練度の維持、向上に努めた。けれども、硫黄島からのＰ－51「マスタング」戦闘機がしばしば侵入し、七月に入ると機動部隊が関東に接近してＦ６Ｆ「ヘルキャット」艦戦を放ったため、飛行時の警戒が欠かせなくなった。

発進をひかえて、木更津基地で「誉」一二型エンジンの爆音を響かせる「流星」。前方視界のよさをはっきり理解できよう。

実際にＦ６Ｆに追われるケースがあった。宮地大尉（六月一日に進級）機は訓練飛行中に追尾してきた敵を、たくみに振りきって帰投できた。また兼松飛曹長（五月一日に進級）―柳沢中尉のペアは、迫る四機編隊を引きつけてから緩い横転をうち、敵が前方へつんのめったチャンスに離脱した。基地周辺の上空で、敵戦闘機に食われた「流星」はないようだ。

海に接した木更津基地は敵機にねらわれやすい。銃撃をかけられたこともあったが、分散し掩体《えんたい》に入れておいた飛行機には、さしたる損害は出なかった。攻五の保有機材は少しずつ増えて、最多時には帳簿上の定数にあと一機の四七機までそろったのを、整備分隊士だった望月さんが記憶する。

敵機に襲われての喪失は生じなくても、事故による損耗は防ぎきれない。木更津での二例を示そう。

五月下旬、降下時に過速に陥った兼松飛曹長―柳沢中尉機は、

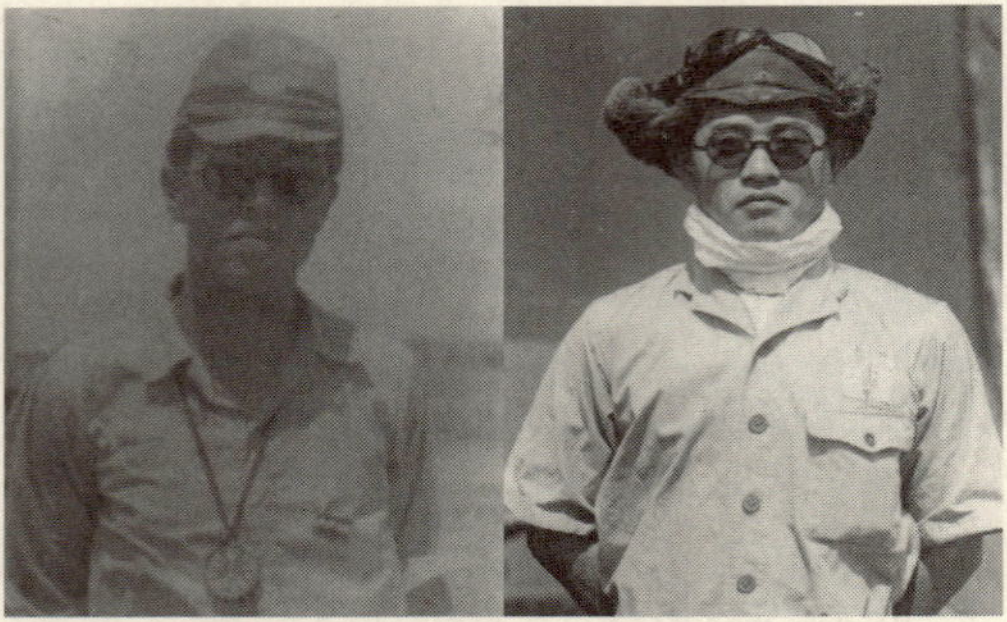

右：真珠湾攻撃が初陣で、太平洋戦争を闘い抜いた艦爆操縦員・小瀬本國雄飛曹長。左：山木勲中尉は13期では少数派のフィリピン決戦の経験を有する予備士官の偵察員であった。

片翼の抵抗板がちぎれ、横転して翼を立ち木にぶつけたのち不時着水。思わぬ事態の突発に、飛曹長がフラップと間違えて主脚を出したため、機は八メートルほども潜ったが、二人とも運よく脱出できた。中尉はすさまじい体験による心理的後遺症を、飛曹長は手ひどい打撲傷を、ともに克服して飛行作業に復帰する。

もう一例は六月八日の小瀬本飛曹長―手島重男中尉ペア。降爆訓練のさい、故障で脚が出たため着陸に移ったところ、こんどは燃料系統のトラブルが発生してエンジン停止。高度と速度が足りなくて飛行場へは入れず、民家の庭先に突っこんで木を切断し、翼も機首もちぎれとんだ。中尉は奇跡的に無事。額が裂け、一五針縫う重症の飛曹長だったが、わずか半月で治癒し、ふたたび飛び始めた。

小瀬本飛曹長と新しくペアを組んだ偵察員は、長身一七八センチの山木勲《いさお》中尉だ。五月の後半に錬成部隊・二一〇空から転勤してきて一ヵ月でしかないが、十三期予備学生としては多からぬフィリピン戦経験者で、左のくるぶしを空戦で負傷していた。

飛曹長は「おとなしく、立派な人」、中尉は「操縦技量が高く、しっかりした人物」と、それぞれ相手を判断した。

まるで蟷螂《とうろう》の斧

六月下旬に沖縄戦が終わると、正規空母八隻、軽空母六隻を基幹とするＴＦ38（第38任務部隊）は本州に接近。関東から北海道にいたる近海を航行し、七月十日から都市や重要施設を艦上機の大群と戦艦の砲弾で襲い始める。途中で、正規空母四隻が基幹の英海軍ＴＦ37が加わった。

陸海軍とも、まぢかに迫った本土決戦に備え、航空戦力の温存を図っていたが、やり放題の敵を放置できず、海軍総隊司令部（実戦面のトップ組織）は「少数精鋭ナル兵力ヲ以テ攻撃」するよう命令を出した。

三航艦司令部も当然、この命令に従う。錬磨を続けてきた攻五の作戦投入が、ここで初めて定まった。

初出撃は七月二十五日。西日本を攻撃した機動部隊が、紀伊半島南端・潮岬の南東一五〇キロ付近を遊弋《ゆうよく》中、との偵察機情報により、午後五時半から分隊長・森大尉指揮の爆撃隊九機が木更津基地から発進を開始。洋上を目標海域までまっすぐに飛ぶ機と、陸地先端を結ぶコースを飛ぶ機に分かれ、夜間に近い薄暮攻撃をめざした。昼間強襲を可能にするだけの掩《えん》護《ご》戦闘機など用意されないからだ。

艦上レーダーが捕らえた日本機の小編隊を邀撃《ようげき》すべく、英空母「フォーミダブル」を発艦した第1884飛行隊の「ヘルキャット」二機は、自前の機載レーダーは装備していないが、夜間空戦の訓練ずみだった。月明かりの夜空に、八十番（八〇〇キロ爆弾）を抱いて動きがにぶい「流星」を追い、三機撃墜、一機撃破の戦果を得た。米空母「ボノム・リチャード」に搭載の第91夜戦飛行隊のF6F-5Nも、一機撃墜を記録。残りの日本機は攻撃をあきらめて去っていった。

攻五の損失は、英側および米側資料に合致する。向島重徳飛曹長―森大尉機以下の四機・八名が未帰還だった。

第二陣の雷撃隊五機は、午後七時ごろから出撃した。ベテラン搭乗員がほとんどなので、薄明かりは不要なのだ。

無線機の故障で三〇分遅れて出た志田飛曹長―村上則明上飛曹機は、目標の潮岬南方一〇〇キロの海域に到着。暗くて気味のよくない洋上を三〇分のあいだ索敵したが、なにも見つからなかった。他機からの敵発見の電波も入らない。

燃料ギリギリまで飛んでから、志田飛曹長は帰途についた。B-29の夜間空襲で燃える川崎をにらみつつ、魚雷を付けたまま帰投すると、佐藤機以外は先着していた。佐藤飛曹長は三重県にある陸軍の明野飛行場に不時着のさい、高圧線に引っかかって落ち、後席の橋本上飛曹が戦死した。

この初出撃は、正攻法を採れない艦爆、艦攻の不利を如実に示す。既存機よりひとまわり高性能であっても、敵戦闘機は振りきれない。戦闘機のカバーのもとで戦わなければ、損害のみ重なって成果は得られないのだ。

8月9日の昼すぎ、機動部隊攻撃への発進を待つ。搭乗員は左から高須孝四郎一飛曹、小松文男一飛曹。ともに未帰還で、高須兵曹はブラジル出身だった。

二回目の出動命令は、八月九日に出た。林憲正中尉が指揮する爆撃隊八機は、午後一時四十三分から木更津基地を発進。宮城県金華山沖を航行する米機動部隊に、護衛なしの白昼攻撃を試みた。

次席の茨木松夫中尉は操縦が荒いタイプで、訓練時に「流星」のじょうぶな主脚を三度も折り、責任を感じて「空母を轟沈させねば死ねない」と思いつめていた。出撃にあたって、彼の未帰還覚悟を予感した同期の柳沢中尉、同格《コレス》の望月中尉はそれぞれ、帰投するように励ましたが、ついにもどってこなかった。

未帰還は六機・一二名。うち三機はＶＦ－86（第86戦闘飛行隊。空母「ワスプ」に搭載）とＶＦ－88（空母「ヨークタウン」）のＦ６Ｆに撃ち落とされた。

初回も二回目も通常攻撃だったが、未帰還が多すぎたため特攻攻撃として扱われ、第七御《み》盾《たて》隊・第一次および第二次流星隊と命名された。

早朝から関東一帯が艦上機群に襲われた八月十三日、正午すぎから出撃した元《もと》八郎中尉指揮の四機は、当初から第三次流星隊の名がついた特攻攻撃だった。犬吠埼《いぬぼうざき》東方洋上へ向かった八十番搭載の「流星」一一型は、ＶＦ－86とＶＦ－16（空母「ランドルフ」）のＦ６Ｆ、ＶＢＦ－85（第85爆撃戦闘飛行隊。空母「シャングリラ」）のＦ４Ｕ「コルセア」に全機が撃墜された。

掩護《えんご》の戦闘機を付けずにこんな作戦を命じる者（三航艦司令部だろう）は、殺人犯と変わるところがない。

最後に出た二機

八月十四日。機動部隊に対する攻撃待機を解いて、搭乗員たちが太田山の隠蔽《いんぺい》宿舎（敵襲を避けるため七月から使い出した施設）へ帰りかけるとき、薬師寺少佐（五月一日に進級）が山木中尉と小瀬本飛曹長に声をかけた。

明日、特攻攻撃を決行してもらいたい、と少佐は言う。指揮官になる山木中尉はふだんどおりの落ち着いたようすで「承知しました」と答えた。小瀬本飛曹長も取りたてて動揺を感じなかった。

翌朝の指揮所前の黒板には「神風特別攻撃隊第七御盾隊第四次流星隊」と白いチョークの文字があり、二機・四名の階級と姓名が書かれていた。二番機のペアは縄田准二一飛曹と中内理《さとし》一飛曹だ。

丙飛予科練出身の縄田一飛曹は、小瀬本飛曹長にとって宇佐空教員時代の教え子だった。元気で、進んで事にあたる好青年だ。一期後輩の宮前杢男《もくお》一飛曹にとっては「大人しくて、笑顔が人なつっこい先輩」だった。

長機からの引き返しの合図を受け入れず、特攻攻撃に飛び去った縄田准二一飛曹。

山木さんと小瀬本さんはともに、出撃予定は二機だけと記憶する。しかし、艦爆隊操縦員だった白根さんは「十五日は二機ずつ発進して、合計八機出動の予定、と覚えている。ペアを組んだ門松大尉が指揮官なので、私の機だけは攻撃後に戦果偵察を行なって帰投、報告する手《て》筈《はず》だった。帰れる可能性はほとんどないが、一〇〇パーセントの必死攻撃ではないので、そのぶん冷静でいられた」と語る。

出撃予定状況の記憶差はともかく、必死攻撃と決死攻撃とでは精神的な影響は大きく異なることが、白根さんの言葉から読み取れる。

トラックに乗せられて宿舎から指揮所に来る途中、「日本のため、命を捨てても仕方がない」気持ちと、「死にたくない」気持ちが交錯した小瀬本飛曹長は、たまらず大声で叫びたくなった。

いま、いつものように三航艦司令長官の寺岡謹平中将が、参謀たちを連れてやってきて、テーブルにかぶせた白布の上に別盃《べっぱい》の酒とスルメが置かれると、飛曹長の鼓動がまた激しく打ち出した。

寺岡中将の出撃命令に続いて、薬師寺飛行隊長の「かかれ！」の号令が響く。小瀬本—山木ペアが乗機に向かって歩いていくと、縄田一飛曹が駆けてきて「分隊士、よろしくお願いします」とあいさつした。「戦闘機に食われるなよ」と飛曹長が励ます。

二機の「流星」一一型は、滑走路わきにならんだ隊長たちの「帽ふれ」の壮行礼に送られて離陸した。まだ正午には間《ま》があった。

大きく場周旋回して、米空母がいるはずの南東へと飛ぶ。と、いきなり長機の速度が落ちた。脚出しの指示灯が灯《とも》っている。右後方にいた縄田機が追い抜いてしまった。

旋回してもどってきた縄田一飛曹が、両手で半開きの主脚の形を示す。脚が下がった「流星」の速度計はやっと一五〇ノット（二八〇キロ／時）。これでは戦闘機に手もなく落とされるだけだ。機長の山木中尉は引き返して再出動することに決め、飛曹長に伝える。修理をすませ出直しても、たいした時間は要しまい。

小瀬本飛曹長が縄田機に引き返しの合図をすると、了解の応答があった。ところが、旋回後にふり返った飛曹長の視野のなかに、機影はなかった。縄田一飛曹はそのまま進撃していったのだ。

木更津基地に降着した山木機は、高射砲弾の破片を踏んで主車輪がパンク。機体を回され、脚を折って座りこんだ。敗戦を告げる詔勅はその三〇分後だ。

長い苦痛

縄田一飛曹はなぜ帰ろうとしなかったのか。

彼は以前の二度の出撃のさいに、エンジン故障と爆弾装着の遅延で出られなかったため、十四日の夜に山木中尉の私室に来て、その悔しさを訴えていた。今回はなんとしても、の決意が帰還を拒《こば》ませたのだろう、と山木さんは回想している。

むごいのは、出撃が詔勅の数時間前であることだ。一〜二日前に敗戦の情報を知った部隊が少なくないのに、三航艦司令部の膝元《ひざもと》にいる攻五には、皮肉にも伝わっていなかった。分隊士以上の職にあった誰もが、事前に知らないでいた。

だが、司令長官・寺岡中将以下の三航艦司令部は間違いなく知っていた。それでもたった二機の特攻を止めなかった理由は想像がつく。これは重い罪だ。

「上のほうで終戦が分かっていたのなら、もう少し早く知らせてくれれば（特攻に）行かずにすんだのではないか」

縄田一飛曹の兄・良一さんは、さらにこう述べる。「しかし、終戦を知らないまま出撃していったのは、本望だったに違いないとつくづく思う」。

小瀬本さんの心には、詔勅を知らずに突入していった縄田—中内ペアの溶け難いしこりがある。指揮官だった山木さんはなおさらだったろう。けれども両氏は最善を尽くしたのだ。恥じるところは一切ない。恥じて、責められるべきは、この日の特攻を立案し下令した者たちだ。

戦後、山木さんは、縄田機を連れもどせなかった自分を、延々と責め続けた。進学塾を経営し、自らも教壇に立って生徒の信頼を得たが、それ以外の時間を酔ってすごすことが多くなった。酒を飲んで精神的な苦痛を紛《まぎ》らそうとしたのだろう。

深酒をし、荒れることもあった。当然、家族も疲弊《ひへい》する。戦争の影をなぜそんなに引きずるのかと、夫人の静子さんも苦しかった。

平成二年（一九九〇年）の夏、不治の病気で入院して五日目、ベッドで天井を見つめる山木さんが、付き添う夫人に語りかけた。

「おい、お前、アマゾン川だ、アマゾン川。いまからこれを渡る。向こう側に戦友が待っている。あーっ縄田機が突入していく！ 見えるだろう、俺も行くんだ。俺は十四日に死んだんだ」

二日後、山木さんは逝去した。「十四日に死んだ」とは、十五日からあとの自分は自分ではない、という意味だろうか。

その名のとおり、出撃してふたたび帰らぬ「流星」の群れ。最後の一機のあとを追って、山木中尉は彼岸の園へ発進していった。

教え、かつ戦った訓練部隊

——「疾風」に与える二つの顔

陸軍航空の実戦部隊の単位である、飛行戦隊や独立飛行中隊はよく知られている。その半面、「飛行学校、教育飛行連隊、教育飛行隊、練習飛行隊など、訓練組織については時期と段階ごとに名称が違うためもあって、あまり理解されていないようだ。海軍航空が、初歩／中間練習機から実用機までの教程をつかさどる各訓練組織をすべて、実施部隊と同じに「○○航空隊」と呼び、分かりやすく親しみやすいのとは対照的である。

戦争終盤、訓練コースの最後に位置する錬成飛行隊は、教育と実戦の二つの責務を背負わねばならなかった。いずれの隊も充分とは言いがたい陣容なのに、装備機材が第一線用機だったために、飛行戦隊に準じる戦力とみなされて、苦闘するケースが少なからずあった。なべて錬成飛行隊は、劣悪な環境下でよく活動したと言い得よう。

新鋭・四式戦闘機「疾風《はやて》」を装備し、B-29と戦った第一錬成飛行隊は、その代表格である。しかし、錬成飛行隊そのものが興味の対象になりにくく、一錬飛《いちれんび》の詳細は戦後も長らく知られないままだった。本土防空戦に大きな関心を抱く筆者も、取材不足から著作に正確な記録を入れられなかった。

一九八九年（平成元年）の十一月、一錬飛の整備兵だった井田正造さんからの電話を受けた。拙著『本土防空戦』（朝日ソノラマ・文庫版航空戦史シリーズ）を読んで一錬飛に関した記述のあまさを指摘し、もっと正確な部隊の記録を書いてほしいとの依頼だった。「私なんか最下級のチンピラでしたが、一錬飛にはりっぱな隊員が多く、よくがんばったと思う。そんな人たちの話を」。

こうした申し込みは歓迎できる場合が多い。予想にたがわず、井田さんの積極的な協力が得られた。難しいのは、誰に話を聞くか、だ。戦友会がまとめる出版物と違って、登場人物をしぼらざるを得ない。私の独断で十数名を取材対象に選び、翌一九九〇年二月からインタビューを開始した。

新しい教育システム

昭和十八年（一九四三年）に入って、ソロモン諸島から東部ニューギニアにおよぶ南東方面で、米軍の航空攻撃が本格化すると、日本軍も航空優勢こそ勝利の鍵《かぎ》と思い知らざるを得なくなった。この年の六月、首相と陸相を兼務する東條英機大将は、航空に超重点を置く方針を決意した。

飛行機の増産については、生産指令系の一本化による効率向上をめざして、十一月に軍需省が設けられた。ノルマ達成が至上目的の軍需省は、増産には寄与するけれども、粗製乱造の傾向を生む。

機材がならんでも、扱う人間が足りなくては話にならない。育成に時間と手間がかかる航空要員、とりわけ操縦者の大幅な増員は焦眉《しょうび》の急だった。

陸軍では、将校操縦者の増員策として、航空士官学校（航士）への入校者数を増やすとともに、士官学校（陸士）在校の地上兵科向け士官候補生の航空転科を促進した。これら現役将校要員を数ではるかに上まわったのが、予備役の将校要員である。地上兵科がほとんどだった甲種幹部候補生（幹候）の航空転科と、新制度の特別操縦見習士官（特操）がこれに該当。とりわけ後者は、海軍の第十三期、十四期飛行予備学生と同じく、下級操縦将校の主体を占める人数が採用される。

下士官操縦要員では、現役の軸になる少年飛行兵の大増員のほかに、その簡易速成版とも言える特別幹部候補生制度が新たに定められた。乗員養成所の乙種予備生徒（卒業後の予備下士の呼称が一般に知られる）ら予備役も、その数を増す。

昭和十九年度中に陸軍操縦者二万名養成という、国力と国情に不相応な目標を達成するには、要員の増加のほかに、教育システムの全面的な手なおしが不可欠である。航空超重点の方針が出されてまもなくの十八年夏、その回答は、教育担当の航空総監部と航空本部教育部で決まった。

少年飛行兵を例にとると、十七年以降は、地上での基礎教育と準備教育を終えてから、飛行学校で基本操縦（中間練習機と高等練習機）を一年、教育飛行連隊で分科（専門機種）ごとの基本戦技（旧式実用機）を四ヵ月学んだのち、実戦部隊に配属されて二ヵ月の隊付《たいづき》教育を受けるのが、おおよそのパターンだった。

これを、練習飛行隊で基本操縦（中練）四ヵ月、教育飛行隊で分科ごとの基本操縦（高練と旧式実用機）四ヵ月、錬成飛行隊で戦技教育（旧式実用機と第一線用機）四ヵ月に変更。つまり、教育機関の改編と操縦教育の半年間の短縮を同時に行なう改革で、幹候も特操もこの流れに乗ることになった（航士／陸士は期間の短縮だけで、教育機関は以前と変わらず）。

新システムは十九年春以降に動き始める。ただし、練習飛行隊の編成は同年秋からと遅く、実戦に参加した者はいずれも、旧来の飛行学校で基本操縦を学んだのちに、教育飛行隊～錬成飛行隊のコースへ進んだ。

当時の陸軍航空にとって、要員の確保、教育機関の整備、機材の配備のいずれよりも大変なのが、教官（少尉以上）と助教（准尉から伍長まで）の確保である。二万名の操縦教育を行なうのに、必要なインストラクターは四五〇〇名。十八年夏の陸軍の全操縦者数は約七〇〇〇名だから、必要人員を抜けば第一線部隊は崩壊してしまう。

そこで、教官／助教一人当たりの担当人数を四名から六名に水増しするとともに、教育課程終了者の一部をそのまま教育部隊に残し、教官あるいは助教に任じる方式を採用した。これだと、飛行機が高級になるほど即席インストラクターの負担は増加し、高性能新鋭機の場合はこなしきれない恐れもあったが、背に腹は代えられなかった。

基本操縦の後半は九九式高等練習機で。熊谷飛行学校の機材。

新しい教育システムの最終段階に置かれた錬成飛行隊は、旧システムの教育飛行連隊の教育の後半と、隊付教育の両方の役目をになう組織である。既存の明野飛行学校、浜松飛行学校など、現役将校操縦者を教育するための航空実施学校が、比較的に似た性格を持っていた。

錬成飛行隊の編成準備がいつ始まったのかは明確ではないが、十九年の早春には具体的な構想がまとまったようだ。四月十九日に編成完結の第三錬成飛行隊を皮切りに、合計二五隊（第一～第二十八。未成の隊あり）が本土とアジア各地に作られる。うち一八個隊が戦闘機なのは、東條陸相が航空超重点に続いて戦闘機超重点を打ち出したのと、その後に戦闘機の需要がいっそう増していったからである。

「決戦機」用の操縦者を

二〇〇〇馬力の離昇出力のわりに小直径のハ四五（海軍呼称は「誉《ほまれ》」）エンジンを付けたキ八四（はちじゅうよん）は、軽快で長く飛べる一式戦闘機「隼」、速度と上昇力の二式戦闘機「鍾馗《しょうき》」の経験をへて、中島飛行機の戦闘機設計技術を集大成した、陸軍期待の高性能機だった。

設計完了五ヵ月前の昭和十七年六月、実大模型《モックアップ》審査のおりに、操縦者の大規模養成にも貢献する陸軍省軍務局の軍事課長・西浦進大佐が、試作機一〇〇機の製造を発案。ふつう増加試作を含めて十数機がせいぜいなのに、一〇〇機の特別措置をとなえたのは、作りながら改修し、部隊配備と本格量産へのすみやかな移行をねらったためだ。性能テストを担当する飛行実験部（のちの航空審査部）の、荒蒔義次少佐の発案と考えられる。キ八四は実機が生まれる前から、主力戦闘機の座にすえられていた。

異例の案は東條陸相の認可を得た。実際に作られたのは十八年三月以降、試作二機、増加試作一二五機にものぼる。

試作機と増加試作機初期型は、まず東京・福生《ふっさ》の航空審査部、ついで明野飛行学校水戸分校（のちの常陸《ひたち》教導飛行師団）にわたされて、実用実験を開始。十九年三月早々に初の実戦用部隊・飛行第二十二戦隊の編成が始まり、翌月には制式機材を示す四式戦闘機の名が付いた。三月から四月にかけて、飛行第十一戦隊と第一戦隊の一式戦からの機種改変、五十一戦隊と五十二戦隊の新編と、四式戦の部隊配備があいついだ。

実用実験中のキ八四増加試作機。生産機の四式戦闘機とおおむね同じ外形で、いちばん異なる部分が集合式の排気管だ。

「救国機」「大東亜決戦機」の期待を集める四式戦は、主力機材の一式戦と入れ替えるべく、量産に拍車がかけられた。だが問題は、高速で動力部が複雑なこの機を、空中と地上の両勤務者が使いこなせるかにあった。操縦者の多くは九七式戦闘機から一式戦へと乗りついできて、軽やかな運動性や着陸速度の低さになれきっている。主翼面積のわりに機体が重い高翼面荷重の四式戦への移行は、右から左へとは行かず、装備の各部隊は新型機を教える未修教育、伝習教育に追われた。

航空戦は消耗に耐えられなければ負けだ。操縦者の補充が、戦力維持の必須の条件だった。この決戦機の力を発揮させるには、教育飛行隊の卒業者をできるかぎりスムーズかつスピーディーに、慣熟させる必要がある。

第一線機のあつかいを手の内に入れる未修教育。これを請けおう錬成飛行隊のなかで、四式戦担当の部隊に「第一」が冠せられたのは、それだけ重要度が高かったからだ。第一錬成飛行隊の書類上の編成完結は、十九年七月二十二日と遅いけれども、実質的な活動は各錬飛のトップを切って、三月下旬に相模《さがみ》飛行場で始まっていた。

相模飛行場は神奈川県のほぼ中央、相模川と支流の中津川がはさむ台地にあった。南東へ十数キロの海軍厚木航空基地に比べ、知名度は格段に低い。熊谷飛行学校の相模分校を作るため、桑畑をつぶした飛行場で、俗称の「中津」飛行場のほうがとおりがよかった。中練教育の相模分校が七月二十日付で閉鎖されたのを受けて、その二日後に一錬飛は「編成完結」する。

一錬飛の兵団文字符号および通称号は、東部第百三十三部隊、紺五二〇部隊で、教育部隊や内地滞在中の外戦用部隊を傘下におさめる第一航空軍司令官に隷属《れいぞく》した。

教官と助教たち

昭和十九年四月初め、西郷岩吉曹長、川上彰軍曹、坂田両一伍長の三名が、飛行第二十四戦隊からの転属で相模飛行場に着任したとき、編成要員がパラパラいる程度で、まだ部隊のかたちを成していなかった。

二十四戦隊は一式戦を装備して、激戦の東部ニューギニアで五ヵ月近く戦ったのち、内地で戦力を回復。千島、樺太の北東方面進出の予定が変わって、埼玉県所沢で関東防空任務についているとき、三名に転出の辞令が来た。飛行歴は、下士官操縦学生八十四期を終えた西郷曹長が三年八ヵ月と最長だが、東部ニューギニアの経験は三週間に留まったのに対し、少飛八期卒業の川上軍曹は全期間を戦い抜いた。坂田伍長は軍曹の三期後輩で、実戦経験はもっていない。

中央に座るのが初代の第一錬成飛行隊長・内徳隆幸大尉(少佐に進級したのちの転出時)で、四式戦を操縦した。左の中村中尉と右の瀬尾中尉は地上勤務。

「五二〇部隊へ行け」とだけ聞いて相模に着いたものの、どんな部隊なのか分からない。四式戦は二〜三機あって、「これに乗るのかな。戦隊を作るんだろうか」といぶかった川上軍曹は、第一錬成飛行隊の新編を教えられた。

　四月初めの相模飛行場に、ほかに誰がいたかは判然としない。川上さんの記憶では、彼らと前後して部隊長の内徳《うちとく》隆幸大尉や倉井利三少尉、本部の地上勤務の将校数名が着任しており、西郷氏は回想録に、山本敏彰少尉、下士学の後輩の望月《もちづき》良蔵、藤谷伊平、萩原林蔵各曹長がまもなく来たと記しているところから、教官、助教を務める主要な操縦者の過半は、四月下旬までにそろったようだ。

航士出身者は五十一期の内徳大尉と、五十六期の山本少尉、吉川芳流男《はるお》少尉の三名。内徳大尉の五年半の飛行歴は部隊で最長ながら、軽爆撃機からの転科で戦闘機の経験は浅い。山本、吉川両少尉は明野飛行学校で実用機教育の乙種学生を終えて半年たらずだから、着任の時点では中堅の域に達していなかった。

必然的に、教育指導の中心を占めるのは年季の入った下士官操縦者たちであり、そのトップに立つのが下士学七十七期出身、少尉候補者二十三期生卒業の倉井少尉だった。操縦歴五年四ヵ月、当初から戦闘分科で来た倉井少尉の技量は高く、誠実でカラリとした性格、教育熱心があいまって、空中と地上の両勤務者から信頼され慕われた。

西郷曹長に続く助教陣の操縦歴は、一年半から二年のあたり。錬成飛行隊のインストラクターとしては、標準的なところだろう。

陣容が整いつつあったある日、川上軍曹は隊長・内徳大尉から、一錬飛の役割を知らされた。「キ八四の練習部隊になる。学生がたくさん送られてくるのを教えるんだ。敵来襲のさいは、訓練中といえども邀撃《ようげき》戦に出てもらう」。この言葉は半年後、そのまま現実にスライドする。

部隊配備が始まったばかりの四式戦の経験者は一人もいない。学生たちが来る前にまず教官、助教が、慣熟のための未修訓練を終えておかねばならない。空戦経験の多さで部隊最右

一錬飛が受領したキ八四の初期増加試作機。機体に塗装が施されていない。集合排気管と胴体下の懸吊架に注意。

翼の川上軍曹は、整備の将校から性能や構造・機能を三〜四日学んだのちに飛び上がり、「速度大で安定性が良好。運動性もいいが高速なので、急旋回はめまいがして困難だ。全体として、すごくいい飛行機」と感じた。

速くても操舵が重い四式戦は、生粋《きっすい》の戦闘機乗りにきらわれる傾向が少なからずあったが、ニューギニアで米戦闘機の高速、重武装の一撃離脱に悩まされた者にとって、速度と火力の向上こそが切実な願望だった。西郷曹長は「最優秀の四式戦」と高く評価し、とりあえずの未修飛行（慣熟飛行）を終えたという。

このころの一錬飛の四式戦は、すべて集合排気管の増加試作機だった。隊員たちは終始「キのはちよん」あるいは単に「はちよん」と呼び、「四式戦」はあまり使われず、のちに決まった「疾風」の愛称は知識としてあったにすぎなかった。

そもそも「四式戦」は完全な量産型を意味する名称で、増加試作機は厳密には機体略号（試作名称）の「キ八四」としか呼べないのだが、本稿では便宜上キ

兵舎付近を川上彰軍曹と大島角次軍曹が散歩する。ともに助教を務めた。

八四イコール四式戦と記述する。

　相模飛行場には〝先任者〟が同居していた。初の四式戦装備部隊の飛行第二十二戦隊で、三月上旬に福生から相模に移って訓練中だった。切り札的存在の外戦用部隊だけに、中堅以上の操縦者、整備兵をそろえ、飛行場の半分と格納庫の大半を占領。相互に連係はなく、訓練部隊の一錬飛を見下すふんいきがあったのは仕方があるまい。

　春のうちに着任した教官・助教のグループが、四式戦の飛行特性をひととおり覚えこんだ六月下旬、台湾の教育飛行隊で助教を務めていた下士学九十三期の松山明軍曹、少飛九期の岩切《いわきり》活軍曹、少飛十二期の五関《ごせき》茂男伍長、予備下士の岩田三男伍長ら五名が相模飛行場に来た。操縦のキャリアは岩切軍曹の三年がトップで、あとはみな一年前後だった。

　実用機の経験は九七戦だけの松山軍曹らにとって、いきなり四式戦では〝二階級特進〟で、もて余しかねない。そこで九九式高等練習機と一式戦でギャップを埋めることにし、一式戦には四～五回搭乗した。引き込み脚にも慣れてから乗った四式戦は、操縦感覚がなかなか重く、松山軍曹にはかえって落ち着きのある飛行機に感じられた。

五名はたんに四式戦の未修で一錬飛に来たのではない。一〜二ヵ月で習得を終えて、そのまま助教の職につくことが決まっていた。

彼らにすぐ続いて、松山軍曹と同期の大島角次軍曹、五関伍長と同期の三宅敏男伍長らが着任。教官・助教とその候補者がそろって、錬成員（この呼称は用いられなかったが）を受け入れる一錬飛の態勢は固まった。

錬成が始まった

兵庫県加古川の第一教育飛行隊は、一錬飛とのつながりが深い。一教飛で九七戦を終えた卒業者のうち、総計一八〇名もが相模飛行場の隊門をくぐるからだ。そのなかで六月三十日に到着した第一陣一〇名は、一錬飛が受け入れた初めての錬成員になった。彼らは、甲種幹部候補生の七期と八期出身の少尉、九期と特操一期出身の見習士官である。

幹候（初年兵で入隊した中学卒以上の高学歴の希望者のなかから選抜）の航空転科は、七、八、九期が同時に実施され、新制度の特操（高等専門学校の在学者以上）一期とともに飛行学校で訓練に入った。

特操は陸軍在隊者および学生から募ったが、なかには幹候の航空転科が表示される前に、幹候九期から特操を志願して移った者も少数いた。もちろん先任は幹候九期で、少尉任官も特操一期より三ヵ月早い（七月一日付）から、特操に移行した者はそのぶん割《わり》を食ったと言える。

加古川から一錬飛への転属者のうちで、この例に該当したのは吉川泰二見習士官だけである。だが吉川見士はくさらず、熊谷飛行学校・相模分校のとき中練で飛んだ、なつかしい飛行場で訓練を始めた。

彼らも九七戦からの〝二階級特進〟のうえ、飛行経験が浅いから、四式戦に乗せれば事故を招く。そこで、補助機材の一式戦を八機ほどに増やして、移行訓練をはかどらせた。最初の数日間は一式戦の滑走だけを行ない、ついで離着陸が主目的の場周（飛行場上空）飛行から、各種機動をひととおりマスターさせるのだ。

操縦容易な九七式戦闘機から四式戦へいきなりの移行は過負担なので、あいだに一式二型戦闘機をはさんだ。垂直尾翼に描かれたななめの赤帯(白ふち付き)が一錬飛を示すマーク。

七月下旬から八月初めにかけて、錬成員の着隊があいついだ。

まず、朝鮮・会寧《かいねい》の第十九教育飛行隊で二式高等練習機に乗ってきた少飛十三期出身者。ついで、加古川・一教飛からの第二陣である、幹候と特操出身の約五〇名が八月一日に着き、その一〜二日後に朝鮮・連浦の第十一教育飛行隊から、九七戦をすませた少飛十三期出身者が到着した。少飛十三期出身は十九教飛と十一教飛を合わせて、三九名である。加古川では、ほぼ同数が朝鮮・京城の第二錬成飛行隊へ行っている。二錬飛の機材は一式戦だから、四式戦をめざす一錬飛組のほうが明らかに荷《に》重《おも》だった。

これで在隊の錬成員は約一〇〇名に達し、一錬飛の教育活動はフル稼働に入った。このころには部隊幹部のポジションも定まり、部隊長・内徳少佐のもと、山本、吉川両中尉（以上三名は八月一日に進級）が区隊長を務め、倉井少尉、西郷曹長、藤谷曹長、川上軍曹、松山軍曹、岩切軍曹ら十数名の教官・助教は、二つの区隊に分かれるかたちをとった。

２代目部隊長である江原英雄少佐(右)と教育主任の床呂幸次郎大尉。

しかし吉川見士は、倉井少尉が長の隊を含めて三個隊あった、と記憶する。夏までは両中尉指揮の二個隊だったのが、錬成員が多勢のため倉井少尉も区隊長に昇格したもののようだ。三個隊になったのち、吉川中尉が新編の第十錬成飛行隊（四式戦。十一月三十日に淡路島で編成完結）編成要員で出て、山本隊と倉井隊の二個隊編制にもどっていく。

この時期に、戦隊長級で四式戦に乗れる者はまだ少ない。未修を終えていた内徳部隊長は、少佐進級を待っていたかのように飛行第五十二戦隊長に任じられ、八月十六日に西郷曹長が操縦する一式双発高等練習機で、福岡県の芦屋飛行場へ赴任していった。だが四日後、夜間出動の離陸事故が、彼の命を奪ってしまう。

後任の江原英雄大尉が、二錬飛から着任したのは八月十七日。特別志願将校（軍務を離れた若い予備役将校を兵科士官に任命）出身の江原大尉は、操縦学生六十二期で八年近い操縦歴の戦闘分科出身者ながら、「ぼくは（四式戦は）遠慮しておくよ」と、部隊の統率に専念した。また同日、少候十九期の床呂《ところ》幸次郎大尉も着任し、次席として教育主任を務めた。二人は四式戦に乗らずとも以後一年間、とどこおりなく一錬飛の運用をこなしていく。

四式戦の乗りごこち

飛行訓練のペースを、加古川からの第二陣で来た、特操一期出身（三月に課程を修了）の小松英夫見習士官の場合で見てみよう。

一教飛で四月〜七月に、九七戦による一一三回・四七時間強の飛行を経験ずみの小松見士は、単発複座で固定脚の九九式襲撃機に同乗しての地形慣熟飛行をすませ、八月十七日から一式戦の離着陸を開始。場周飛行を主体に一三回、合計三時間ほど飛んで、九月二日に四式戦の操縦席に座った。規定どおり地上滑走で感覚をならし、初めて離陸したのは九月十日。

離着陸訓練／場周飛行を一四回・三時間弱行ない、この間の十月一日に少尉に任官する。

ついで空中操作三回、単機戦闘一回、後方射撃予行（機動と姿勢の保持だけ）一回、吹き流しへの後方射撃一回と進み、二機編隊の分隊教練二回、そして所定の場所に降りる制限地着陸二回で、習得完了を告げられたのが十二月十二日だった。四式戦での飛行回数二四回、時間にして六時間一三分である。

中津飛行場で発進準備が進む四式戦。中央の正面を向くトラックは燃料補給車、その右の側面がプロペラを回す始動車。

小松少尉はこの間、一度も事故を起こさず、場周飛行時のエンジン故障も無事にしのいだ。そのスムーズな教程の消化から、同期生の水準を超える操縦感覚を持っていたようすが分かる。けれども、錬成飛行隊が隊付教育を代行するとの建前からすれば、あまりに飛行時間が短い。これだけの経験では、四式戦に乗っても敵戦闘機とのまともな空戦はとても無理だ。

時間短縮の理由は二つあった。一つは加古川からの第三陣が到着し、スケジュールが詰まったこと。もう一つは〝通常攻撃〟化してしまった特攻攻撃に出られる程度の技量で可、との判断を軍上層部が抱いたためだ。

いささか話が進みすぎた。

四式戦に搭乗する前に、地上予習で諸元や構造を覚えこむ。尊敬する教官・倉井少尉から「勉強しておかないと墜落するぞ」と言われた、少飛十三期の田中京三兵長は、徹底的に頭に叩きこんだ。

一五〇キロ／時で浮き、高度二五〇メートルで第一旋回にかかるまでに、二〇〇～二六〇キロ／時に増速。第二回旋回までに三〇〇キロ／時に上げ、第三旋回までに高度を四〇〇メートルに高める。旋回後、フラップを開いて三三〇キロ／時に落とし、出力をしぼって高度を下げつつ二〇〇キロ／時で第四旋回を終え、高度五〇メートルで一七〇キロ／時まで減速して、接地へ持っていく。

「命がけの感じ」で離陸し、九分たらずの場周飛行を終えて、無事に降着した田中兵長の感想は「なんと重い飛行機だ」であった。やがて慣熟が進むにつれて、単機戦闘なら軽い一式戦だが、編隊で戦うには突っこみがいい四式戦、との結論を得るに至った。

陸軍入隊までの三年間グライダーに乗って、珍しく一級滑空士の免許を持つ幹候七期の金《かね》児《こ》春男少尉は、加古川にいるときに、航空審査部から飛んできた四式戦を初めて見た。「すごい。爆弾に乗るみたいだ」と感じたその飛行機に、一錬飛にきて「命を取られる」覚悟で搭乗する。未修飛行のたびに腕を上げた金児少尉は、重いが手応《てごた》えがあり、自分の性格に合っていると判断した。

もちろん、乗機の好みには個人差がある。八期の吉岡包三《かねぞう》少尉にとっては、「一式戦と比べれば重い。一式戦のほうがやりやすかった」が結論だった。これが多数派の感想だろう。

整備の人びと

一錬飛の土台をささえる整備隊は、少候出身で歩兵から転科の中村大尉が隊長で、その下に幹候の瀬尾中尉、土岐《どき》晴男中尉の幹部がいた。中村大尉はもともと内徳部隊長の副官の立場だったが、内徳少佐が転出し、江原大尉と補佐役の床呂大尉が来たため、整備隊長へまわった。

機付が四式戦のハ四五エンジン整備に取り組む。手前左が機付長の服部結軍曹。

幹部には四式戦のハ四五エンジンのエキスパートがいなかったところに、昭和十九年初夏のころ、幹候出身の古山正典《こやままさのり》中尉が着任した。第十六野戦航空修理廠付でシンガポール、ラングーンに滞在し、部品の補給輸送にたずさわった古山中尉は、十八年の秋にいったん民間人にもどったのち、再召集を受けて一錬飛付を命じられた。

着任時、八四五は少飛十三期の整備兵が知っているだけだった。そこで古山中尉はベテランの森准尉を助手に、少飛（十四期？）二〇名ほどをつれて、立川航空整備学校へ八四五の伝習教育を受けにおもむいた。一ヵ月ほどでほぼ内容をのみこんで相模に帰ると、「八四整備班」を作って中尉がその指揮をとり、整備教育用にガリ版刷りの資料を作って配布した。以後、四式戦の整備は古山中尉を軸に動く。

八月、明野飛行学校の新機種講習で四式戦とハ四五を覚えた宮下米作曹長、国松元曹長ら六〜七名が着任し、整備力がアップした。整備歴三年弱、飛行第四戦隊で二式複座戦闘機「屠龍」を扱っていた宮下さんは、ハ四五を「こみいったエンジン。気化器の調節はとくに難しかった」と話す。

古山さんの回想では、パッキンの不良によるシリンダー基部の油もれに悩まされた。当初は、離陸のさいの高回転時に調速器が働かず、クランク軸がケルメット（銅と鉛の合金）軸受けを削っての焼き付きも目立った。

操縦者と同様に、錬成飛行隊で育った整備が主体の地上勤務者も逐次、実戦部隊へ移っていく。転出する少飛の穴を埋めるように、九月十日に第一期特別幹部候補生（特幹）七〇名ほどが、一錬飛にやってきた。航空、船舶の職域を中心に、現役下士官の不足を満たすべく大量採用された特幹は、このとき十八〜十九歳、中学以上の学力をもつ者が主体で、よく言われてきたような年少者ではない。

第八ついで第六航空教育隊で整備を習ったエンジンは、九七戦に付いた単列九気筒のハ一までだったので、井田正造一等兵は、四式戦の四翅プロペラと複列一八気筒のハ四五の複雑な構造を見て、「こんなもの、できるんかいな」と驚いた。故障が多く（主）脚が弱い、と聞かされた家戸《かと》久信一等兵が「集合排気管の機がほとんどで、単排気管型が少しまじる程度」と記憶したところから、初秋のころの装備機は、まだ増加試作機が主体だったと知れる。

エンジンが回っていたから脚の出し忘れか、一錬飛の四式戦が胴体着陸した。操縦者は特操１期出身者という。

固有の一機ごとに付く機付《きづき》の整備兵は、エンジンや脚を受け持つ機関が三〜四名で、これに武装、通信、電気が加わって構成される。機関の主力は特幹一期生、トップの機付長には伍長、軍曹が任じられ、曹長が機付四〜五グループの指揮をとった。

着任から四〇日後に上等兵に進級した特幹一期は、古山中尉と補佐の与野克巳少尉の連日の講義を受けて、しだいにハ四五の特性や機構を覚えこむ。工業学校の機械科を出て海軍工廠に勤めていた佐野岩男上等兵は、勉強に励んで一とおり頭に入れたものの、ハ四五の整備よりも主脚の故障、不具合に悩まされるケースが増えていく。

脚でもう一つの問題だったのは、四式戦で飛び始めたばかりの錬成員が、三舵の操作に夢中になり、脚を出し忘れての胴体着陸が何回かあったことだ。胴体着陸すれば、プロペラが地面を叩いて回転軸がゆがみ、たいていのエンジンはもう使いものにならない。古山中尉は脚出し忘れの防止対策として、操縦席内に「脚」と書いた札を吊るすとともに、物理学校出で機械にくわしい江原部隊長と相談して、胴体着陸の廃機で脚出入用の教材をこしらえた。

ところで、整備の特幹一期の出身者のなかに、三五年ののち新聞のトップに載る〝変わりダネ〟がいた。あだ名は「人力車」、朝鮮生まれの金本元一（本名・金載圭）上等兵は、謹厳実直タイプで訓練の成績もよかった。一九七九年十月二十六日、ＫＣＩＡ部長の立場で朴正熙《パクチヨンヒ》・韓国大統領を射殺する。

複座改造機

相模飛行場に同居の飛行第二十二戦隊は八月二十一日に華中へ向けて出動し、代わりに八月十日から七十二戦隊が展開。一ヵ月強の作戦を終えて帰ってきた二十二戦隊は、十月二十二日に風雲急の決戦場フィリピンへ出ていくなど、戦局にそった四式戦の実戦部隊の移動が見受けられた。

一錬飛では、同じ十月二十二日に手持ちの一式戦六機を、機材不足の二錬飛にわたすため朝鮮へ向かわせたが、飛行戦隊への人員の転属と機材譲渡はなく、訓練に邁進していた。二十二戦隊がいなくなると、その格納庫は一錬飛の所有に変わった。四式戦の教育が本格化するにつれて、事故や故障がめだち始めた。

三神亮少尉(左)と金児春男少尉の後ろが後方席を追加した四式戦複座改造機。両席とも天蓋(可動風防)がない。

八月二十九日、幹候七期の藤本少尉が特殊飛行の演習中に墜落（エンジン不調のためともいわれる）し、殉職。「不断の響き天を摩し」で始まる一錬飛部隊歌の作詞者、幹候九期の浜田少尉は、九月十五日の分隊教練中に、低空で急旋回をうって失速し、飛行場東南の水田に落ちて絶命した。

十月十五日に訓練を視察にきた、一航軍参謀の朝香宮孚彦《たかひこ》王少佐は、事故の状況を聞いて、技量が機材をこなしきれないためと判断、「複座の四式戦を作ってはどうか」と提案した。突飛な考えとはいえ、やってみる価値ありと決まり、機付長・永島晴雄伍長、家戸、井田両上等兵の扱う増加試作四十二号機が、複座改造用に選ばれた。

電気系統の不具合や油もれの対策で実施が遅れたが、ようやく十二月四日に立川の教導航空整備師団へ空輸された。その後もう一機が送りこまれて、四式戦の複座改造機二機は年内にでき上がった。既存の前方席が錬成員、新設の後方席が教官・助教用で、せまい後方席には操縦桿とフットペダル、スロットルレバー、計器四〜五個が付いていた。両席とも前方の固定風防のみで、両翼内のホ五・二〇ミリ機関砲は重量軽減のため取りはずされた。

一機は淡路島の十錬飛へ運ばれ、相模に残ったのは一機だけ。まず倉井少尉、西郷曹長、川上軍曹といった腕達者が錬成員を乗せ、ついで望月曹長、萩原曹長、松山軍曹らも操縦した。「後方席に乗っても恐くはなかったが、着陸時に前方のようすがまったく分からない。難しいのは着陸で、接地前の機首上げのタイミングは、翼端方向の視界を頼りに勘で決めた」と川上さんは言う。

錬成を終え、昭和二十年に入ってから教官の立場でひんぱんに飛んだ金児少尉の回想では、飛行特性は単座機とあまり変わらず、テイルヘビーなので、操縦桿から手を離すと機首上げの傾向があった。彼が悩まされたのは、むき出しの操縦席に入ってくる排ガスのひどさで、まともに吸いこんで降りてから人事不省におちいったため、隊付の菅原努軍医がガスの研究に乗り出す一幕もあった。

この変則改造機はかなりの効果を発揮して、技量未熟が招いた四式戦の事故は大幅に減った。すでに四式戦の未修も終わりかけの少飛十三期出身者も、複座機の操縦を二回ほど経験した。

これはのちの話だが、二十年七月ごろ、田中伍長（十二月一日進級）が同期の下田晃《あきら》伍長との互乗で離陸。上昇中に滑油温度が上がり、カウルフラップを開いても変わらないので、すぐに降りて点検してみると、離陸のたびに吸いこんだチョウやトンボが、滑油冷却器の入口にびっしりくっついていた。

入れかわる錬成員

十二月の上旬から中旬に移るころ、幹候七～九期、特操一期の四式戦習得完了が告げられ、十三日に明野教導飛行師団司令部付の辞令が出た。「司令部付」とは特攻要員待機を意味していた。特操二五名の一人、小松少尉は特攻を予感しながらも、気力を高めつつ、同僚たちと十二月十五日の夕刻に相模の隊門を出ていった。

少飛十三期の面々も、同じころ錬成を終えた。こちらは大半が通常攻撃の要員として、四式戦装備の飛行戦隊へ赴任した。

冒頭で述べた新しい教育システムに従って、習得完了者の一部は、新たな錬成員を教えるために一錬飛に残った。幹候では七期の金児少尉、八期の吉岡、賀集《かしゅう》徳蔵、城戸《きど》富男各少尉、九期の山川喜作、弓削《ゆげ》善一郎、福島襄二各少尉、特操一期は吉川少尉一人だけ。少飛十三期では下田、戸田篤夫《あつお》、衛藤全由《かねよし》、城戸武、横道勝各伍長らに、病気で入院していた田中伍長が加わる。

六月末から八月初めに着隊した錬成員を「第一期」とするなら、「第二期」は「第一期」が転出する直前の十二月上旬に、やはり加古川の第一教育飛行隊からやってきた。こんどは全員が少飛卒業者で、十四期が三二名、十四期乙が二八名、十五期が六〇名の計一二〇名。乙、つまり乙種少年飛行兵とは、地上基礎教育の少年飛行兵学校（一年間）を省略した、十四期と十五期だけに設けられた速成版である。また、十四期と十五期は教育期間が変更されて、ほぼ同時卒業の措置がとられた。

このグループが一教飛における一選抜だったことは、成績優秀者に与えられる航空総監賞の受賞者の数で知れる。一期あたり、本校で三名、分校で一名のみの受賞者が、十四期では小川勝廣《かつひろ》、末吉高造、長谷川三郎各兵長の三名、十四期乙に二名、十五期に三名と、合わせて八名もいた。

マリアナ諸島からのB-29の空襲が確実視されると、陸軍の本土防空のトップ組織・防衛総司令部は、関東防空の第十飛行師団の戦力を少しでも高めるため、戦闘可能な操縦者と実用機を持つ飛行部隊を、東二号部隊として十飛師司令部の指揮下に入れた。そのうちの一隊が一錬飛である。準実戦部隊とみなされた一錬飛では、倉井少尉の隊を第一中隊、山本中尉の隊を第二中隊と呼ぶよう改めた。

少飛十四期と十四期乙は二中隊、十五期は一中隊に配属されて、訓練が始まった。「第一期」と異なるのは、四式戦移行の補助機材だった一式戦を用いず、九七戦↓複座四式戦↓四式戦の流れに変えたことだ。一式戦は六機を京城の二錬飛にゆずったのち、二機だけが残っていた。

水入りの落下タンクを主翼下に取り付けた九七戦。左遠方の機の尾翼には加古川の第一教育飛行隊のマークが残っている。

一式戦を使わないぶん、九七戦の使用度が高まる。そこで中古の九七戦一〇機ほどを加古川へ取りにいき、重くて着陸時の沈み（高度低下）が大きい四式戦に、なじみやすくするため、落下タンクに水を入れて翼下に二個を装着した。

一教飛で九七戦に八二回・三三時間乗っていた少飛十五期の山崎作司兵長は、十二月十日から九七戦での離着陸／場周飛行を始め、二十年二月までに三四回・五時間二〇分飛んだ。この間の一月二十四日から複座四式戦に搭乗、離着陸を七回経験して、三月十一日から単座機に移行した。以後の訓練の進みぐあいは「第一期」と大同小異である。「九七戦が軽自動車なら、四式はスポーツカー」が山崎さんの実感である。

四式戦の前に集まった少飛14期出身者。前列中央の２名だけが、両袖に味方識別用の日の丸を縫い付けた助教だ。

十四期の小川兵長は「早く単座に乗りたい、とあこがれていた四式戦はすごい飛行機。離陸後、上げ舵をとらなくてもプラス二〇〇ミリの赤ブースト（吸入空気を気筒へ過給する出力向上処置）だけで上昇していく」と驚いた。彼は音がやかましい単排気管の量産型よりも、静かな集合排気管の増加試作機を好んだ。

教える側は人手不足で、助教一人が一一名もの錬成員を担当する。たった一機の複座四式戦に乗せて、一日あたり一一回の離着陸を一週間から一〇日やるのだから、インストラクターの体力と精神力の消耗は、相当なものだったに違いない。

二十年三月二十五日、諸川房夫兵長（少飛十五期。第六十一振武隊で特攻戦死）たち三〇名が「第二期」のトップを切って転出した。以後、五月にかけて逐次「第二期」の錬成員たちは、辞令を受けて相模飛行場を離れていった。

台湾の飛行第二十九戦隊員を命じられた末吉伍長らのケースもあったが、過半は、「第一期」の少尉たちと同じく、特攻機操縦者への最短距離にある「司令部付」の配属命令を受け、やがて振武隊に編入される。沖縄の空と海に散った四式戦特攻機の多くには、一錬飛で学んだ操縦者が乗っていた。

邀撃戦に参加

第十飛行師団司令部から指定された、防空に関する一錬飛の主担当空域は、飛行場に近い厚木上空だった。昭和十九年十一月一日、B－29の偵察機型であるF－13が単機侵入のさい、空襲警報発令後に初出撃したが、他の部隊とともにカラ振りに終わった。

「第二期」錬成員が到着するころの十二月三日、B－29は中島飛行機・武蔵製作所を主目標に来襲。四式戦の編隊長で出動した一中隊長・倉井少尉は、厚木上空でB－29六機編隊をつかまえ、一機撃墜に加えて二機撃破の活躍を見せ、一錬飛の初戦果を記録した。

上部組織の一航軍司令部の隷下にあるのは、戦闘の役に立ちがたい教育部隊ばかり。貴重な戦果を喜んだ司令官・李王垠《りおうぎん》中将は、軍が直接に関与しない功績はほめにくいため、少尉の操縦一〇〇〇時間無事故をたたえる賞状を授与し、間接的に手柄を祝った。

出撃の編組《へんそ》（搭乗編成）に入るのは、もちろん教官（中隊長）二人と助教だけだ。後者は、一中隊では藤谷曹長、川上、大島両軍曹、二中隊では西郷、望月、萩原各曹長、松山軍曹、坂田伍長といったメンバーである。十二月下旬には、吉岡少尉、衛藤伍長らが一中隊、金児少尉らが二中隊へと、錬成を終えた「第一期」が教官、助教になって編組に加わる。

松山明軍曹と四式戦。なんども邀撃に上がり、B−29、F6F、SB2C艦爆と交戦した。彼も特攻隊員に選出される。

ユニークなのは、流れ星をかたどった撃墜破マークを、飛行服の左袖の上部に縫い付けたことだ。発案者は部隊長・江原少佐（十二月に進級）ともいわれ、判然としないが、倉井少尉が初戦果をあげてまもなく決まったようだ。こうしたかたちで個人戦果を表示する例は他の部隊には見当たらず、世界的にもきわめて珍しい。

同じころ、機首にも同様のマークを塗った機が現われた。倉井少尉がしばしば搭乗した四式戦（完全な固有機ではない）に、二個の撃墜破マークを塗った機付の佐野上等兵にとって「これを描くのが整備の誇り」だった。

二中隊の初戦果は一月九日。幹候の少尉三機との編隊で上がった村岡（西郷から改姓）曹長は、高度七〇〇〇メートルで索敵中に、埼玉県上空を東進するB－29五機編隊を発見。追撃中に単機になった曹長は、三式戦「飛燕」が攻撃中の後尾機を襲って、印旛沼付近に撃墜した。この協同撃墜で、彼の袖にも流れ星のマークが付けられた。

一月から二月初めにかけての邀撃戦で、富士山上空、高度一万メートルを超え、機首上げ姿勢でやっと浮いていた松山軍曹はビクリとした。燃料残量計の指数は充分な数字を示しているのに、プロペラが止まってしまい、タンクを切り換え燃料注射ポンプをついてみても、エンジンの再始動ができないのだ。その間にも四式戦は滑空で降下していく。翼面荷重と失速速度の高さを承知の軍曹は、バランスをくずさずに高度を消化し、ペラを曲げただけのみごとな胴体着陸で相模川に降り立った。

二月までは高高度邀撃が多く、凍結による機関砲不発のケースが何回か生じた。グリースを塗りすぎれば凍結、不足なら焼き付きで、苦情をもちこまれた武装の責任者、幹候九期の三《み》神《かみ》亮《りょう》少尉は「途中で少しずつ撃ちながら上がってくれ」と苦しい対策を伝えた。故障や不具合を生じた場合の代用の砲は、兵器庫に常備され、交換には不自由しなかった。

一錬飛きっての腕達者、倉井利三少尉。飛行服の左袖に戦果マークが３つ縫い付けられている。

教育と戦闘の両方に熱意をそそいだ倉井少尉は、二月十日の出撃から帰らなかった。中島・太田製作所をねらったB－29梯団一九機に、群馬県館林の上空で攻撃を加えたのち、前上方から先頭機に体当たりを敢行。尾部を砕かれた敵機に後続機がぶつかり、いっきょに超重爆二機を葬ったのだ。また、僚機の坂田軍曹（一月に進級）は被弾後に落下傘降下で生還できた。

この体当たりは米乗組員にも目撃された。

第505爆撃航空群機は太田から三キロ東方で尾部を失い、衝突の後続機は機首をもがれて、ともに墜落したと報じられている。

二日後、金児少尉に付きそわれ、村岡曹長操縦の双発高練で相模飛行場にもどってきた倉井少尉の遺体を、江原少佐以下の全員が敬礼で迎えた。一ヵ月後、防衛総司令官名で感状が授与され、全軍布告、二階級特進の措置がとられたのだった。

敗戦までの状況

補充機は教官・助教が、おもに中島の宇都宮製作所へ取りにいき、四式戦特攻基地の都城から残余機を空輸したこともあった。最盛期には保有数五〇機（可動率は七割ほど）に達した一錬飛の戦力は、空襲、被墜、事故などでじりじり減っていく。

米海軍第58任務部隊の艦上機群による初の関東空襲の二日目、二月十七日は一錬飛の厄日《やくび》であった。教官になって二ヵ月の城戸少尉が、埼玉県上空で敵戦闘機に落とされて戦死。その僚機の岩田三男伍長も帰らなかった。

二中隊長・山本中尉の編隊は、東京湾上空でグラマンＦ６Ｆと空戦に入った。分隊長機（四機編隊中で二機の長機）の村岡曹長が斉射を浴びせたとき、上方から別のＦ６Ｆに撃たれて被弾。火傷《やけど》を負って機外へ脱出し、海軍の救助艇にひろわれた。だが、僚機の望月曹長は未帰還のままに終わった。

「四式戦とF6Fの性能は同じぐらい。向こうは数が多く重層配備だから、すきを見て一撃をかけ、すぐ上昇するしか手がなかった」。苦しい戦いを味わった松山軍曹の、的を射た回想だ。

一錬飛の損失は操縦者三名と四式戦四機。飛行場も空襲を受けたため、以後は在地機を周辺の桑畑に引きこみ、網をかけて枝をかぶせることにした。二月十九日、邀撃哨戒に出た五関伍長が墜落戦死して以後は、二十五日の機動部隊再来襲時の出撃（五機）でも、戦死者はなかった。

二度目の厄日は、B-29に硫黄島からのP-51D「マスタング」戦闘機が初めて随《つ》いてきた四月七日。山本中尉とその僚機、静かな熱血漢の賀集少尉は埼玉県上空に散り、三宅伍長は飛行場付近の上空で戦死した。三名ともB-29に体当たり攻撃を加えたといわれる。

これで一錬飛は中隊長を二名とも失った。後任は一中隊長が少尉候補者二十三期出身の細野幸義中尉、二中隊長は発令されず、先任の金児少尉が代理の指名を受けた。

下士官操縦学生は二期・五ヵ月おそいだけ、少候は同じ二十三期。細野中尉の履歴は、前任者の倉井少尉とよく似ている。熊本県菊池の第四十教育飛行隊の区隊長から、山本中尉の戦死後に転属してきた中尉にとって、床呂大尉は飛行第三連隊、江原少佐は大刀洗飛行学校・大邱《たいきゅう》分教所でのそれぞれ上官だったから、気ごころは知れていた。

一式戦の未修は終えていたので、取り扱い説明書と整備の土岐中尉の説明とを頭に入れて、

右から２人目、前に出ているのが倉井少尉の後任一中隊長・細野幸義中尉。後ろに教官と助教がならんで座り、彼の教えを受ける。右遠方は一錬飛が連絡用に使った九九式軍偵察機。

四式戦の操縦に取りかかる。短時間で慣れたのち、B-29攻撃にも加わった。操縦歴六年、元来の戦闘分科の細野中尉は、最先任の空中指揮官として一錬飛の飛行任務を冷静に処理していく。

このころから「第二期」錬成員たちの転出が始まった。助教になって残留したのは、少飛十四期が小川、福島正之両伍長（四月に進級）、十四期乙が近藤義男、宮城洋両伍長（同）、十五期が加藤義夫兵長の計五名。しかし、彼らが教えるはずの「第三期」錬成員は入ってこず、また邀撃戦に加わる機会も得られなかった。結局、一錬飛の少飛出身者の実戦参加は十三期までにとどまった。

ただし、少数の特殊な錬成員はやってきた。ビルマ（現ミャンマー）からの留学生と、特攻隊長要員がそれだ。

明野教導飛行師団・高松分校で一式戦の操縦を習っていた、ニコンモン、チッキン、トンタン、チョウゾ、ソトラインら一〇名のビルマ学生は、四式戦の未修教育を受けるため早春に到着。戦後に巨人と広島の内野手でプレーする山川少尉と、七十二戦隊から転属の少飛十三期卒業の玉村道三伍長が教育を担当したが、未了で終わった。

特攻隊長要員は三辻七郎大尉、深江圭三中尉、赤田智正少尉、内田清二少尉で、それぞれ陸士五十三期、五十六期、五十七期の転科だった（六月と七月に少佐、大尉、中尉に進級）。彼らの未修教育は金児少尉（七月に中尉）が担当、五月中旬に第百七十五〜百七十八振武隊を編成し、桜隊と総称した。副隊長のうち二名は助教から藤谷曹長と松山軍曹を選出、隊員には「第二期」錬成員があてられ、出撃待機のまま相模飛行場で敗戦を迎える。

その後も、小規模ながら邀撃戦は続いた。六月十日、丹沢山地東部の上空でB－29に接敵した川上曹長（三月一日進級）機は一機を撃破ののち、味方高射砲の弾幕におおわれた。翼端をちぎられ、プロペラが止まった四式戦をあやつって、曹長は小田急線沿いの水田にたくみに滑りこんだ。

本土決戦を待つ一錬飛と振武隊は、敵来襲のあいまを縫って訓練を続行。特攻機の接敵訓練用に、海軍に頼んで艦船を出してもらった。七月三日には百七十六振武隊の荒木田守邦伍長（少飛十五期。五月に進級）が丹沢北東に落ちて殉職し、八月十三日には萩原曹長機と後藤秀男軍曹機が相模湾周辺で消息を絶った。

百七十五振武隊に編入された山崎伍長（五月に進級）は八月十四日、高松飛行場へ進出するとの話を伝え聞いた。四国沖の機動部隊に突入する計画だったのだろう。荷物は郷里へ送れと言われたが、その日のうちに取り消しの指示が出た。

翌日の正午、雑音にまぎれて意味をつかみがたい天皇の声を、ラジオから聞いた。それから八日後の解散式で、「大東亜決戦機」の操縦教育に少ならかぬ貢献をなした第一錬成飛行隊は、一年五ヵ月の歴史を閉じる。

受傷をこえて

——「鍾馗」で負った精神と肉体の傷

飛行機乗り、とりわけ戦闘機パイロットの危険度が高いのは、世の東西を問わない。互いに撃墜をめざす空戦は言うにおよばず、高度な戦技の習得をはかる訓練においても、飛行性能を至上に置いた機材を駆る彼らは、つねに大きな危険と隣り合わせだ。

生命の喪失が決して珍しくなく、傷を受けても深手《ふかで》の場合が少なくない。そしてそれは往往にして、パイロットとしての前途の消滅につながってしまう。

ここに、同じ部隊に所属した三名の若き陸軍操縦者の、戦争末期におけるそれぞれの運命との闘いを、負傷の面からとらえてみた。

飛ぶまでのルート

太平洋戦争の陸軍航空において、下士官の中核になったのは少年飛行兵出身者である、と述べても反論は少ないと思う。

少年飛行兵の制度は海軍の飛行予科練習生（のちの乙飛予科練）にならって、昭和八年（一九三三年）に発足した。予科練が操縦要員と偵察要員、すなわち狭義の搭乗要員だけを対象にしたのにくらべ、少飛は操縦生徒、技術生徒（機関と武装の整備、および通信）という、空中勤務者コース（ただし操縦だけ）および地上勤務者コースの両方を募《つの》った。

第一期から昭和十二年春に募集の第五期までは年に一期だったが、日華事変の勃発《ぼっぱつ》を受けた同年秋には、第六期と第七期が同時に募集され、身体検査、学科試験とも同日に実施した。どちらの期かを陸軍航空本部が決めて合格者に通知し、入校時期に半年の差を設けた。以後、この一年に二期ずつのかたちが継続される。

航空重視の方針が強まるにつれて募集人数も多くなり、五期の三八〇名（合計。以下同じ）に対し第六期五五〇名、第七期六五〇名と、それぞれ一・五および一・七倍に急増。十四年に募集の第十、十一期はさらに各一三〇〇名に増えた。年齢制限は十四〜十六歳で、空にあこがれる若者が押し寄せて、例えば十期の応募者数は五〇倍を超えたともいわれる。

昭和十五年の初夏から秋にかけて一三〇〇名ずつ募集された少飛第十二、十三期の応募者のなかに、当時十六歳の西川正夫少年がいた。大正十三年（一九二四年）六月生まれだから、同年四月〜十五年四月生まれの有資格者のうちでは年長者に属する。

実は西川少年は前年に、母親の逝去などによる心境の変化で、京都の工業学校を二年で中退。大学の作業員として働きながら第十、十一期の募集に願書を出したのだが、勧める人があって大連にわたったため、受験しなかった。

満州の玄関といわれた賑《にぎ》やかな大連で、呉服店の店員を勤めるうちに、ふたたび少飛受験の熱が高まって応募する。体格・体力は人なみ以上、学歴・学力も基準の高等小学校卒を凌駕しており、昭和十六年一月〜二月の身体検査と学科試験をクリアーできた。合格通知には「東京陸軍航空学校第八期生として入校を命ず」と記されていた。これは将来の少飛十三期生を意味する。

東京陸軍航空学校の第８期生たちが、高所の平均運動でバランスをとる。多くがめざす操縦者に心身の鍛錬は欠かせない。

操縦などは自分の手に負えるものではなかろう、できれば機上通信をやってみたい、というのが、かねてよりの希望だった。機上通信は海軍搭乗員の電信員に相当し、機内に積んだ無線機を取りあつかう。除隊ののち、民間で技術を生かせるからでもあった。

埼玉県の村山貯水池の西に位置する東京陸軍航空学校（東航と略称）への入校は、開戦二ヵ月前の十月一日。ここで陸軍軍人としての基礎的な地上教育を一年のあいだ受ける。

東航で学ぶうちに西川生徒は、飛行兵のコースに乗った以上はやはり操縦をめざしたい気持ちに傾き、昭和十七年のなかばには、希望する職域は第一に操縦、第二が通信へと変わっていた。機種は民間航空への移行に有利な大型機、つまり重爆撃機を望んだ。

希望に違《たが》わず、七月ごろの発表で彼は操縦に決まり、熊谷飛行学校へ進む命課を東航卒業直前の九月中旬に受ける。基本操縦を学ぶ三つの飛行学校のうち、大刀洗は戦闘機、宇都宮は偵察機、そして熊谷は爆撃機乗りになる者が多い、とされていた。西川生徒の大型機志望は叶いそうに思われた。

雛鳥《ひなどり》時代

熊校（略称）入校は昭和十七年十月。それから八ヵ月は階級なしの生徒として航空兵科に必要な地上教育を受け、翌十八年五月末いったん卒業のかたちをとる。六月一日付で上等兵の階級を与えられて軍人になり、再入校（これもかたちだけ）。ここで初めて「少年飛行兵」と呼称され、教育隊の第三中隊員を命じられた。

以後四ヵ月は体力強化期間。グライダー訓練を行なうといっても、滑空の技量《ぎりょう》向上にはげむのではなく、プライマリーで単純な空中感覚の把握をめざすだけ。毎日同じことの繰り返しで、西川上等兵も途中でうんざりし始めた。

東航入校以来まる二年間、ほとんど精神教育と地上訓練に終始したのは、苛《か》烈《れつ》化し劣勢化する一方の航空戦を考えれば、時間の浪費としか言いようがない。

乙飛予科練で同様の長期地上教育を延々と続けてきた海軍が、ようやく時勢との不一致に気づいて、合格者のうちの年長者に、半年間の地上教育だけで飛行訓練（中間練習機教程）へ進ませる、特乙制度を導入したのは昭和十八年四月だ。これにならったと思われる、地上教育を四ヵ月に縮めた特別幹部候補生制度を陸軍が実施するのは、さらに一年のちとあまりに遅すぎ、成功をみた特乙制度に比べ、実用機で戦える操縦者を生み出せずに終わる。

九五式一型練習機の単独飛行を終えたのち、編隊飛行を習得する。方向舵の黒と白のマークが熊谷飛行学校所属を示す。

赤トンボと呼ばれた、オレンジ色で複葉の九五式一型練習機を使って、基本操縦訓練を一ヵ月。そろそろ単独飛行という十八年十月なかばに、いわゆる〝学鷲〟（大学、高等専門学校の既卒者と学生から採用）の特別操縦見習士官が入校してきたため、少飛十三期の教育はこの本校から甲府教育隊へ移された。待望の単独飛行のさい、緊張と解放感とから少なからぬ者たちがやったように「バカヤロー」を機上でさけび、ついで特殊飛行をひととおり覚えていく。

昭和十九年三月の卒業まぎわ、少年飛行兵たちに分科（機種）が告げられた。なんと熊校卒業予定者の全員が戦闘機だった。東條英機首相兼陸相が前年の八月に示達した、戦闘機重点徹底の方針が招いた結果である。

一人で飛べる、敵機を落とせるなどの理由から、たいていの者が望むのが戦闘分科だ。だが、重爆分科の思惑とは異なったから、西川上等兵は取りたてて感動は覚えなかった。「ああ戦闘か。一人でやらな仕様ないな」と嘆じる半面で、内心ニヤリとするものがあった。一番人気のコースに選ばれた喜びだろう。

飛行学校卒業と同時に、少飛十三期の面々は兵長に進級した。熊校卒の約四八〇名の戦闘分科要員は、次の基本戦技教育（分科基本操縦）を受けるため第六、第十一、第十九の三個教育飛行隊に分散。西川兵長をふくむ百十余名の行き先は、朝鮮北部の連浦《れんぽ》にある十一教飛だった。

十一教飛では、手はじめに九九式高等練習機に一週間ばかり乗せたのちは、ずっと練習用実用機と呼びうる九七式戦闘機で訓練した。ともに励んだ同期生のなかに三浦一夫兵長と平原三郎兵長がいたが、三人の縁の浅からぬことを無論このとき知れるはずはなかった。

劣勢の顕著化は戦闘機操縦者の不足につながり、新人の青田買いを招く。本来なら四ヵ月をかける十一教飛での訓練を、十三期のうち五二名だけ三ヵ月で打ちきって六月末に終わらせ、実用機の戦技教育を学ぶ錬成飛行隊へ送り出した。教育飛行隊における評点が平均値を上まわっていた者が選ばれたのか、あるいは適性ゆえなのか。

西川兵長ら三名はこのなかに入った。ただし神奈川県相模飛行場の第一錬成飛行隊と朝鮮・京城《けいじょう》（現在のソウル）の第二錬成飛行隊に二分され、三浦、平原両兵長は前者へ、西川兵長は後者へと別れていく（「教え、かつ戦った訓練部隊」参照）。

錬成飛行隊の訓練期間もやはり四ヵ月と規定されているのだが、主装備機の一式戦闘機「隼」による未修飛行（操縦訓練）をたったひと月行なっただけで、西川兵長を加えた二錬飛の一四名は、七月三十一日付で実戦部隊への配属を命じられた。足りない分は飛行戦隊に着任後、自助努力で補え、という極端な速成教育だ。

状況は一錬飛でも同じだった。補助機材の一式戦を一ヵ月習って、もう少ししたら主装備機である四式戦闘機「疾風《はやて》」に乗れるという話が出ていたところで、錬成員の一部が実戦部隊へ向かうことになった。平原兵長と三浦兵長も転出の指名を受けていた。

ようやく実用機に

満州の関東軍司令官の隷下にあった飛行第七十戦隊は、首都圏への米艦上機の来襲に備えて、昭和十九年二月に本土防空を統轄《とうかつ》する防衛総司令官の指揮下に臨時に編入され、東満の杏樹《きょうじゅ》から千葉県松戸飛行場に移動した。装備機材は二式二型戦闘機「鍾馗《しょうき》」である。翌月には、関東防空の第十飛行師団長の指揮下に移った。

ところが七月二十九日、成都周辺の基地群を発した米第20爆撃機兵団のB－29が、南満の鞍山にある昭和製鋼所に空襲をかけてきた。防空戦力が乏しい関東軍はあわてて、貸し出し中の七十戦隊の満州帰還を下命。八月一日、戦隊は全力で松戸を出発し、山口県小月、京城経由で四日までに鞍山への移動を終えた。

一錬飛から七十戦隊に配属されたのが、三浦兵長と平原兵長の二人だ。相模飛行場に近い中津から松戸に着いたところ、残っていた地上勤務者が「今日、戦隊は満州へ行った」と言う。そこで部隊のあとを追うことにして、関釜連絡船に乗船、鉄道で一昼夜がかりで鞍山に至り、ようやく着任を申告した。

西川兵長は二錬飛でただ一人の七十戦隊赴任者だった。転出の翌日に運よく、戦隊が京城で燃料補給を行なったため、居ながらにして着任申告ができた。二式戦の飛行経験がない彼を鞍山へ連れていっても即戦力にならない、と判断したのだろう、戦隊長・長縄《ながなわ》勝巳少佐は「松戸に残置隊がいるから行け」と指示し、兵長は内地へ向かった。

松戸飛行場に留まっていたのは整備関係者が四〇名ほど。保有機材数よりも操縦者が少なかったらしく、二式戦も何機か残してあり、これをベテランの小川誠准尉ら五名が鞍山から取りにもどってきた。

第四錬成飛行隊の一式二型戦闘機。始動車の回転軸端をスピナーのフックにかませてエンジンを回しにかかるところだ。

松戸に来てしばらくしたら、戦隊から西川兵長に追及（合流）の命令が届いた。八月二十二日に鞍山に着くと、先着の平原兵長と三浦兵長が待っていた。

このとき七十戦隊に一式戦が一～二機あった。長縄戦隊長の「一式戦の期間が短いから、もう少しやれ」の言葉で、三名は地形慣熟を兼ねて一週間ばかり周辺空域を飛び、胴体着陸の事故も生じた。

そのころ、甲種幹部候補生（八期が主体）出身の少尉二〇名ほどが着隊。九七戦までの経験しかない彼らを、防空兼務で訓練する余裕は戦隊にないため、戦隊長が佳木斯《ジャムス》の第四錬成飛行隊で一式戦の未修教育を受けられるように交渉した。これが承諾され、少飛十三期の兵長三人も「いっしょに錬成してこい」と命令されて同行。九月初めから佳木斯、平房、深井子《しんせいし》と飛行場を移りつつ訓練を続けた。

九月のあいだに二度、鞍山に来襲したB－29を迎え撃った七十戦隊は、敵の強力な防御火網と高速性能を痛感し、二式戦では有効な戦闘は困難と判断した。層雲に視界を阻《はば》まれもして戦果は上がらず、詰め腹を切らされたかたちで、戦隊長の椅子を飛行隊長の坂戸篤行大尉にゆずった長縄少佐は、転出し満州飛行機へ出向。この不遇を嘆かず、試作中の高高度戦闘機キ九八の開発促進に携わった。

サイパン島からのF－13（B－29偵察機型）が十一月上旬に関東上空に侵入したため、近近あるはずの空襲に対処すべく、参謀総長命令を受けた七十戦隊は同月八日、二式戦三七機で千葉県柏飛行場に移動した。

「早く部隊へ帰してほしい」と話し合いながら四錬飛で、ドイツ空軍伝授のロッテ戦法と呼ばれた二機・二機の編隊戦闘訓練にまで進んでいた三浦、平原、西川兵長にも、甲幹出の少尉たちとともに、部隊復帰、内地移動の命令が伝えられた。汽車で南下した彼らが、朝鮮半島をへて下関に着いたのは十一月二十一日である。

事故発生

飛行第七十戦隊の柏飛行場進出はタイムリーで、中島飛行機・武蔵製作所をねらった十一月二十四日のB－29東京初空襲の邀撃《ようげき》戦力に参入できた。このとき関東に展開する陸軍の各飛行部隊のうち、超重爆編隊に対する攻撃がどれほど困難かを実体験しているのは、七十戦隊だけだった。

それから一週間後の十二月一日、三人の兵長たちは伍長に進級し、下士官に任官した。

海軍が操縦員、偵察員に兵をも充《あ》てたのに比べ、陸軍は操縦者、偵察機の偵察者ともに下士官以上を用いるのが規則だった。大多数の者が高価で大型の機器材や装置を普遍的にあつかう海軍と、小銃が基本兵器の陸軍の、飛行機に対する感覚の相違が根底にあるのだろうか。

柏飛行場の二式二型戦闘機。翼砲には保護ケースがかぶせてある。右遠方の機は青い部隊マークの二中隊所属のようだ。

　ともかく、彼らはこれで編組《へんそ》（海軍でいう搭乗割）に加われる資格を得た。

　かつては三個中隊に分けていた飛行機を、ひとまとめに運用する飛行隊編制が七十戦隊にも導入されていた。ただし他の部隊と同様に便宜上、旧編制どおりの三個隊に分け、それぞれの長三名を飛行隊長の下に置いた。この三分した隊を、同戦隊の操縦者の多くは旧称と同じく第一～第三中隊と呼んだようだが、西川さんは第一隊～第三隊だったと記憶し、平原氏のメモには「第三飛行隊」と記してある。本稿では西川さんの説に従う。

　晴れて下士官の列に連なった少飛十三期出身者たち。平原伍長は第一隊、三浦伍長は第二隊、西川伍長は第三隊と、各隊に一人ずつ所属した。彼らに課された必須の条件は、二式戦二型の操縦習得である。

たいてい「にたん」（二式単座戦闘機の略称）、「よんよん」（キ四四の略称）と呼ばれ、愛称の「鍾馗」は隊員に知識としてあっただけの、この頭デッカチで主翼が小さな重戦闘機は、翼面荷重（全備重量を主翼面積で割った数値）が大きく失速が早いため、一式戦の三割増しの高速着陸が必要だった。軽戦闘機に慣れきった操縦者から〝殺人機〟などと、ありがたからぬ異名を頂戴した所以《ゆえん》だ。

七十戦隊をふくむ二式戦装備の各部隊は、よく使いこなしたけれども、着速が大きく前方視界に難があるこの機で飛行中にトラブルが生じた場合、技量の程度を問わず、人身事故につながりやすい傾向は否めなかった。

少飛十三期出身の三名だけに対する二式戦の未修訓練が始まったのは、まだ兵長だった十一月下旬のうちだ。長さ一五〇〇メートルの滑走路の端で止まったまま、エンジン全開までの出力変化を体験するのが最初。

次に滑走。走り出して尾部が浮いたら、すぐにスロットルレバーをもどす。ポンポンと踏むホッピングでブレーキを使い、行き足を落とし停止するやり方で、全開滑走と称した。滑走速度が一五〇キロ／時まで出るから、着陸時の接地後の感覚把握に役立つのだ。全開滑走は一日五～六回、何日も実施したという。プロペラを高速回転させるトルクの、反作用による左方への首振り、それを修正する当て舵のぐあいも会得できる。

地上での特性を覚えたら、飛行にかかる。西川伍長は皆から「接地速度が大きいぞ」「急旋回であまり（機を）傾けるな。失速する」などと脅かされ、軽くて主翼が大きな一式戦とはまったく違った機であることを、彼自身も理解していた。進級したての吉田好雄大尉が教育班長を務め、三人に事前の説明を述べた。

十二月五日の午後、場周飛行が実施された。一時五十分に西川伍長が搭乗した二式戦（機体製造番号一六九八）が離陸。第一〜第四旋回を終えて着陸のさい、速度がいくらか過大で高度が落ちず、そのまま場周飛行を復行（やり直し）して、一五分後に問題なく降りることができた。

着陸五分後の二時十分に西川伍長はふたたび離陸した。今回も降着時に過速ぎみだったため二回復行。第四旋回を少し遠くで終えて、三度目の進入に移る。

飛行場端にかかったとき、やや目測に誤差があり、五メートル前後であるべき高度が実際は一〇メートルほどだった。機速は一八〇キロ／時。ここでスロットルレバーを引く。この操作が少しだけ早すぎた。

一五〇キロ／時。スッと失速する感じがあり、一瞬「しまった！」と思った直後に伍長は意識を失った。

五〇〇メートル離れた待機所で交代を待っていた三浦伍長と平原伍長は、二式戦の墜落を見て思わず叫んだ。

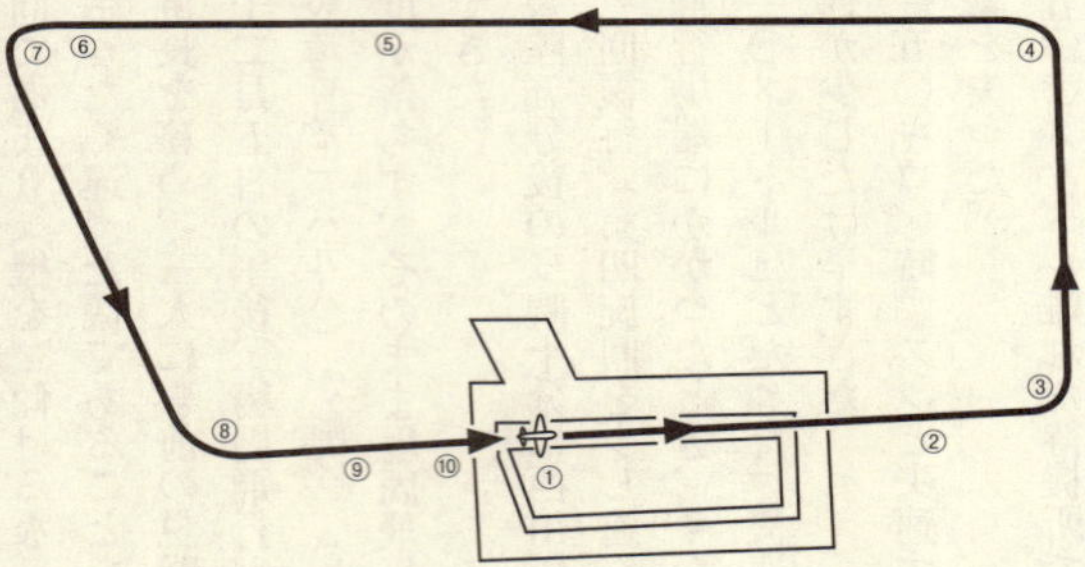

〔柏飛行場の場周諸元〕①離陸：フラップ15度下げ、エンジン2500回転／分、②高度100メートル、速度250キロ／時、フラップ全閉、③第1旋回：高度150メートル、250〜260キロ／時、④第2旋回：高度300メートル、310〜330キロ／時、2250回転／分、⑤着陸降下：270キロ／時、フラップ10度、⑥脚出し:240〜250キロ／時、⑦第3旋回：高度300メートル、230キロ／時、フラップ全開、⑧第4旋回：高度200メートル、210キロ／時、1300〜1500回転／分、⑨200キロ／時、⑩高度10メートル、180キロ／時、1200〜1400回転／分

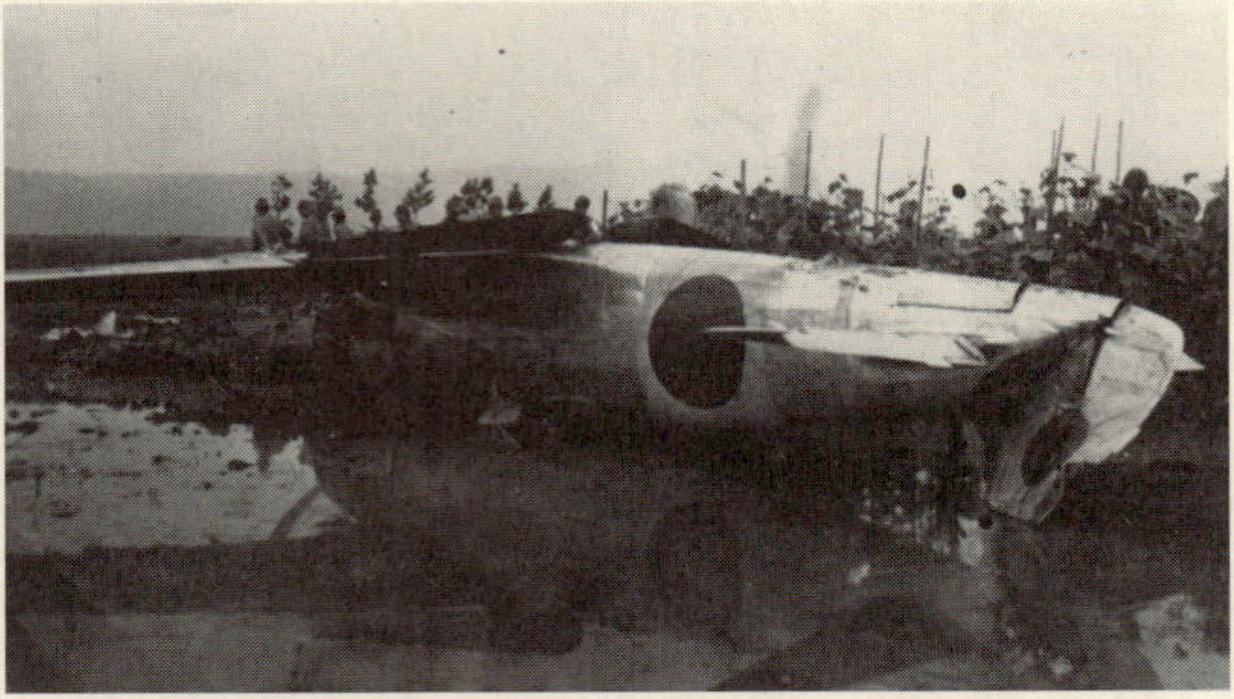

飛行場外において裏返しで大破した、他部隊(飛行第二百四十六戦隊)の二式二型戦闘機による着陸時の事故例。さいわいにも操縦者は軽傷だった。

飛行隊長と第三隊長を兼務する河野涓水《きよみ》大尉が記述した、当日付の現認証明書には「高度約五メートル、飛行場北端において失速落下し、同時に両脚を折損。大きく跳躍、前上に一回転したる後、一四三〇、舗装路北端に落着、受傷す」とある。両脚とは左右の主脚をさす。

三浦さんの記憶はいくらか異なる。滑走路に接地、翼端が地面に付いて横転し、胴体からエンジンがちぎれて五〇メートルぐらい前方へ飛んだ。機体は二回転したが、さいわい火は出なかった、というものだ。どちらにせよ、大事故の様相には違いない。

入院、転院

頭部と顔面に重傷を負い、うわ言で戦隊長に事故を詫びる西川伍長は、ほど近い柏陸軍病院へ運ばれた。ただちに診察を受け、頭蓋底骨折《ずがいていこっせつ》および顔面挫創《ざそう》と診断された。

頭部への強い衝撃がもたらす頭蓋底骨折は、致命傷になる場合が少なくないが、幸運にも治療可能の範囲内だった。とはいえ彼の意識はしばらくのあいだ朦朧《もうろう》とし、十二月の後半に入って起こった地震の揺れに気づいたのが、初めての感覚だった。

意識不明のあいだに、平原、三浦両伍長が面会に訪れたが、もちろん話ができる状態ではなかった。

何日かたつうちに、藁《わら》布団に座った自分が、衛生兵や看護婦にスプーンで食事を食べさせてもらっているのが分かった。「飛行機乗りだってね」と衛生兵に話しかけられ、「そうだ」

と答えたけれども、どうしてこの場所にいるのか判然としない。教えてももらえなかった。

白衣を着ているから「病院か」と思った。部屋は六畳ほどの個室で、上方に明かり取りの小窓があり、出入り用のドアには施錠がしてあった。周囲のようすは眺められるのだが、奇妙に現実感がないのだ。

患者が増えたからか、「自分で食べて下さい」と言われるときもあった。右手に力が入らず箸《はし》をちゃんと持てない。左手でもうまく使えないので、右手で握り箸にしてかきこんだ。かさぶたがポロポロ取れて、顔に傷があるのだと知った。額の中央と右ほおの負傷を鏡で見たのは、もっとあとのことだ。手足には掠《かす》り傷ひとつなかった。

同じ個室ですごすうちに、雑煮が出た。ほかにお節料理は付かなかったが、正月を迎えたことは分かった。

一～二日して、病室に来た衛生兵が問いかけた。「郷里の京都へ帰りたくないですか」。なぜだろうとぼんやり考え、「それなら帰らせてもらおうか」と西川伍長は返事をした。

翌日は昭和二十年一月五日だった。「東京駅まで送ってあげますよ」と衛生兵が言う。白衣のままだが、下士官の軍帽をわたしてくれた。

軍医に「帰省を許可されましたので」と退院の申告をし、敬礼しようとしたが、右手が肩まで上がらない。衛生兵に支えられて表に出ると、下士官が乗る機会はめったにない乗用車が待っていた。

車は南へ向かう。やがて病院のような建物が現われ、付き添う衛生兵は言った。「これから汽車に乗ると夜行になります。朝乗った方がいいから、今日はここに泊まりましょう」。

建物の中を案内されるままついていくと、軍医がいたので申告した。軍医はフンフンとうなずく。かんたんな身体検査のあと、また衛生兵に付き添われ居室へ。

二重扉のちょっと変わった造りで、八畳間の広さ。板敷に藁布団と毛布が敷かれ、室内に便所が設けてある。先着者が五人いた。室内に入ると、すぐに外から鍵をかけられた。

「明日、迎えにきますから」と言い残して、付き添いの衛生兵は帰っていった。朝食後に汽車に乗る段どりを、西川伍長は聞かされていた。

翌朝、食事はドアの下の小さな窓から、六人分が差し入れられた。食べ終わって、付き添いとは別の衛生兵が食器を下げにきてドアを開けた。これから帰郷するはず、と信じる伍長がドアから出て、外側の扉へ向かおうとしたとき、駆け寄った衛生兵に顔面を殴られた。兵が下士官を殴打する事例は、日本の軍隊ではありえない。

行く手をはばむ兵と伍長は揉み合いになった。「きさまっ、上官に向かって!」。憤《いきどお》る伍長に、衛生兵は吐き捨てる。「上官もなにもあるか、ここに来たら」。

別の世界

身体の自由が利かない西川伍長は、室内に押しもどされた。そしてドアが閉まる。

「ここは精神科だ」。室内にいた一人が教えてくれた。伍長にとって衝撃的な言葉だった。どうして自分の精神に異常があるのか、もし兵役免除で帰ったら、自分は、親の立場は、どうなってしまうのか。先行きがまったく分からず、思考力もともなわないため、「もう、これで終わりだ」というショックと辛さに苛《さいな》まれた。

精神障害に対する世間の反応、知識と対応が、現在とは大きく異なる。病院の受け入れ方、治療法もずいぶんな隔《へだ》たりがあった。当時、兵科の重要度として最上級に位置する操縦者から、一転、精神科の管轄下に入れられ、そのことを自身でいくらかなりとも判断できたなら、嘆かない者は皆無だったに違いない。

（本稿では、当時の実情を示すため、極端でないかぎり用語はそのままにした。御了解いただきたい）

数日のあいだに、同室の患者たちからいろいろ話を聞いた。この国府台《こうのだい》陸軍病院は、日本に三つある陸軍の精神科併設病院の一つで、「鬼の金岡（堺）、蛇《じゃ》の小倉、死んでしまおか国府台」といわれるほどの恐怖病院、一生出られない、など。

国府台陸病は千葉・東京の県境（現在の千葉県市川市の北西端）にあり、精神病棟は本院から少し離れて建っていた。分厚な板造りで、格子は太い鉄の棒だった。西川伍長が転院させられたのは、柏陸病で自身の記憶にない彼の奇妙な言動があり、事故時の衝撃がもたらした精神異常と診断されたからだろう。

同室者たちに「はがき、出せるか」と聞く。「出せるよ。買ったら」。一枚わけてもらって、入院していることを郷里へ書こうとしたら、手が震えて思いどおりの字が書けない。六字だけで断念し、同室者にしたためてもらった。

意識はあるのだが皮相的で、判断する能力がひどく乏しい。ある日、鉄格子の窓から鳥が飛ぶのを見た。「鳥は飛ぶものだなあ……そうだ、俺は実際にここに入っているんだ。間違いないことなんだ」。半覚醒のような、どこか夢見心地だった気分がこのときに途切れ、現実に引きもどされ始めた。

頭ははっきりしてきたが身体が不自由だ、どうしてこうなったのか、と考えた。どうも事故のせいらしい。

だがその後、機能運動を行なってみて、右半身の機能低下ありと軍医に診断され、理由を問われて「分かりません」と答えた。軍医は「本当に身体が動かないのか」とたずねたが、あるいは、兵役免除をもくろんで機能運動に作為があったのでは、と疑ったのかも知れない。ともかく静かにおとなしくしていなければ、と西川伍長は〝精神科入院の処世術〟を心に決めた。

この診断によるものか、一月の半ばごろ大部屋へ移された。大部屋は二つあって、それぞれ下士官と兵が混合で約二〇名が収容されていた。前の五～六名の部屋に比べ、症状の軽い者が入るところだ。彼らは概して静かで、ほとんど会話をしない。

二重扉ではなく、廊下へ自由に出られ、そこで日なたぼっこを楽しむこともできた。いくらかでも外気に触れられることが、伍長に安堵《あんど》を覚えさせた。

大部屋に来てから数日後、廊下で日なたぼっこ中の彼のすぐ前を、父親が通りすぎていった。あまりの驚きに、とっさに声をかけられなかった。はがきが届いたから来院したのだろうか。

まもなく面会所で二人だけで会えた。「いったい、どうしたんだ?」と問う父。「わけが分からずここに入れられたんだよ」。伍長は事故についても話した。郷里では、家系の精神異常者の有無を憲兵に調べられたという。

「しばらくは、ここにいるしかなかろうなあ」と、静養を心がけるよう念押しして、父親は帰っていった。西川家の一人息子の伍長は、心のなかで親不孝を詫びた。

噴き出す炎

西川伍長の事故後も、当然ながら三浦伍長と平原伍長の二式戦の未修訓練は続いた。西川伍長の離脱によって、平原伍長は第一隊から第三隊へ所属が変わる。

着陸時、失速しないように高速で持ってくるのだが、これを頃合いに低下させられるようになった。昭和二十年一月から二月にかけては、四機までの編隊飛行、対地射撃の手ほどきを受けた。

それまでＢ－29だけを相手にしていた防空戦闘機部隊が、まったく異質の敵と対戦したのは二月十六日だ。東京の南東二〇〇キロの海域に迫った米海軍の空母機動部隊・第58任務部隊が、硫黄島攻略の支援作戦として、早朝から艦上機群を放ち、関東地方の航空兵力を制圧にかかった。

第十飛行師団司令部は全力邀撃を下命。十飛師の指揮下から隷下へと関係を強めていた七十戦隊でも、操縦者たちが急遽《きゅうきょ》ピストに集合し、中隊ごとに出動に移る。本多寛嗣大尉が指揮する第二隊（第二中隊）からは、定数全機の一六機が出動したことを、三浦さんは記憶している。

この日が三浦伍長の初陣になった。それまでに作戦飛行といえば、哨戒を命じられ上空で燃料不足におちいって、ほかの飛行場に不時着し、補給を受けて帰った一度だけ。空対空の戦闘訓練はいまだ経験がない不なれな彼を、編組に加えたのだから、まったくの全力出動だったわけだ。

第二隊に所属し、Ｆ６Ｆとの交戦で落とされた三浦一夫伍長。

反復出撃の二回目。二式戦四機編隊の一機として離陸した三浦伍長だが、すぐにエンジンに異常をきたしてＵターン。整備班長の機敏な対処で復調し、再発進して三機を追いかける。

無線機の調子が悪く、編隊長機に連絡できない。出動直前に本多大尉から「印旛沼上空、高度三五〇〇メートルに集合」の指示が出ていたので、東進して該当空域を飛ぶうちに、戦隊の二式戦が現われた。その機は左後方一〇〇メートル、僚機のポジションについた。操縦者は甲幹か特操の少尉のようだ。

自分が下位であることを知らせようにも無線が通じず、仕方なくそのままの隊形を保っていたが、二〇分ほどのちに〝僚機〟は去っていった。ふたたび単機にもどった伍長は、なおも同じ空域を飛び続けた。

北の筑波山方向から一六機前後の編隊が向かってくる。高度は向こうが一〇〇〇メートルばかり高い。対進（向き合う）の正面形なので機種は判然としないが、四式戦のように思われた。

距離がみるみる詰まる。黒っぽい色で、四式戦とは違う形と分かった。と、二機が編隊から抜け出して、三浦機の後上方に回りこみ、間合を縮めて撃ちかかってきた。強敵のグラマンF6Fである。

第一撃の射弾は反転して回避できた。だが高度が高いぶん敵機が優速で、またも後方に占位される。この二撃目はかわしきれなかった。背部の防弾鋼板の隙間を抜けた曳光弾が、スロットルレバーをにぎる左手の下一〇センチをかすめて、使用中の胴体燃料タンクに命中。

落下タンクを付けたままのＦ６Ｆが日本機に射弾をあびせた。

直後に操縦席に火があふれた。

炎が全身を襲う。常用の革の手袋が修理中で、この日に限って木綿《もめん》の手袋だけの手と、むき出しの顔面がまずやられた。飛行服が燃え始める。可動風防はなんとか開けたが、左手の火傷《やけど》がひどく、まだましな右手で安全バンド（座席ベルト）を外した。

機外へ出ようとしたが、Ｇに妨《さまた》げられて動きがとれず、熱と激痛で失神。これが幸いしたのか、機動の変化により空中に放り出され、開傘のショックで我に返った。ななめ後ろで乗機が空中分解するのを見届ける。

敵機は落下傘を見ると主翼に引っかけて切る、と聞いていたから、ゆるやかな降下速度がもどかしかった。飛行服は燃え続けて消せず、くすぶる飛行帽は脱ぎ捨てた。

落下地点は河原に生えた背の低い松林。したたかに腰を打ったが、気が張っていて痛くなかった。焼けるワンピース式飛行服の上半分を脱ぎ、足の部分が焼けただれて外れない下半分は、無理やり引き裂いた。

三浦機を撃墜した可能性が比較的に高いのは、空母「レキシントン」(二代)搭載の第9戦闘飛行隊と、「ハンコック」搭載の第80戦闘飛行隊のF6Fだ。空母時間で正午前後の時間帯に、印旛沼周辺の上空で、前者は二機、後者は四機(うち一機不確実)の二式戦撃墜を報告している。

民間人が襲う

生き地獄を味わわされた三浦伍長だったが、火炎の中でまぶたを閉じていたため目をやられずにすんだ。これは彼自身の好判断によるものだ。

ほかに不幸中の幸いがあった。降下地点から遠からぬ小学校にいた地上部隊が落下傘を視認し、兵が自転車で探しにきてくれた。米パイロットと間違えられないように、伍長は二〇メートルほどまで来た兵に「助けてくれ!」と叫んだ。

自転車がすぐに近寄った。兵が「うちの部隊まで行きましょう」と促して荷台に乗せてくれ、雑木林を走り抜けたとたん、三浦伍長の背中に丸太が打ち当てられた。敵兵と思いこんだ民間人が、待ち伏せて襲いかかったのだ。日本の操縦者と分かると、ひとこと詫びて逃げ去った。

日本兵の自転車に同乗していてさえ襲われるほど、住民は友軍機の必勝を信じこみ、かつ興奮状態にあった。自転車が来ず、火傷で口が利けなかったなら、顔の皮膚を焼かれていた伍長の身が危なかったかも知れない。彼はのちに「敵と間違われ猟銃で撃たれた者もいる」と聞かされた。

小学校の宿直室で、胡麻《ごま》油を塗って応急処置が施された。やがて七十戦隊から軍医が到着し、柏陸軍病院へ連れていかれ入院。二日後、彼を打った男が、在郷軍人会長といっしょに謝りにきて、「まことにすまんことでした」と平身低頭したのだ。

翌三月、箱根の大規模旅館を軍が借り上げた療養所に移った。三浦伍長の火傷部分の多くは二度レベルで、充分に手当てしたなら不都合のない状態にまで治せるのだが、化膿しているのに包帯すら満足にない物資不足が、治癒を遅らせた。彼が療養所から戦隊に復帰する日はついに来なかった。

七十戦隊に配属の少飛十三期出身者三名のうち、残る平原伍長だけは受傷とは無縁だったようだ。しかし、彼もきわどい目には遭っている。

日付は定かでない。高高度邀撃のおり、「しらみね」が呼び出し符牒の平原機は、

平原三郎伍長と二式戦の尾部。第三隊の部隊マークの色は明るいレモンイエロー。

高空での旋回時に強い気流に流された。帰還の途中、高度が下がったが、プロペラを低羽根角《ピッチ》に固定するのを忘れていたため、過負担のエンジンが息をつき、不時着を決意した。

この部分の記述は、三谷定夫さんが実弟の平原氏から聴取した回想をベースにしている。三谷さんは、レイテ島沖および沖縄周辺海域で米駆逐艦の爆雷攻撃を切り抜けた、呂号第五〇潜水艦の電信員を務めたつわものである。

機位不明で飛んだものか、平原機が降りたのは静岡県だった。それも、なんと松の樹上（密生した松の灌木《かんぼく》の上に滑りこんだ？）というから、あるいは落下傘降下したとも考えられる。いずれにせよ怪我はない。例によって敵機と勘違いした住民たちが得物《えもの》を手に集まってき、殴られそうになったが、日の丸（飛行服の袖に縫い付けた識別用のもの？）を見せて事なきを得たという。

二単に再会

話を国府台陸病へもどす。

一月下旬、衛生兵が西川伍長に「今日、外科へ受診に行くから」と告げた。「外科」とは脳外科が専門の、本院の第三外科のことだ。

第三外科で軍医の診察を受けた。実のところ、伍長が国府台に入院して以来、これが初めてのまともな診察と言ってよかった。体力測定、レントゲン撮影、脊髄液採取による精密検査も行なわれた。いち早く、精神障害ではないと診断した軍医が「ひどい目にあったな」と、精神科で放置状態の境遇に同情してくれた。

二〜三日すぎた一月二十八日、頭部外傷第三病棟への移動が指示され、即日実施。西川伍長に新たな道が開け始めた。

こんどの病室も二〇名あまりの大部屋だった。頭部に受けた傷による言語障害、身体機能障害の患者たちで、「ここに入ったら兵役免除だ」と喜ぶ者もいる。投薬、注射の処方を受ける者はほとんどないようだった。

自由時間内なら、病院の内外を散歩してかまわない。入院当初の日々を送った五人部屋で自殺者が出た、との噂《うわさ》が耳に入った。

無為にすごしていると、兵免で帰郷し、身内の負担になる不安に襲われる。身体を動かし、できることは進んで取り組もうと西川伍長は決意した。病室で最先任の軍曹が転院したため、若年ながらそのあとを受けて部屋長を担当。病棟の掃除や食事運搬などの仕事は、ほかの患者の分も進んで引き受けた。

冬から春へ季節が変わる。もう戦隊へはもどれないかとも考え、置いてきたままの私物の入手を手紙で平原伍長に依頼した。まもなく、彼の小トランクと軍刀を携えて平原伍長が来院。三浦伍長の落下傘降下、負傷療養中であることをはじめ、近況を話してくれた。

積極的な努力を続けたかいがあって、西川伍長の体力はしだいに回復し、不良だった右半身の機能も向上してきた。思考力、判断力は事故以前となんら変わりがない。こうなると、兵免での帰郷よりも、空中勤務に復帰して戦列に加わりたい希望が頭をもたげるのは、自然の成りゆきだ。

おりから沖縄をめぐる天号作戦が始まっていた。特攻につぐ特攻の連日。陸軍航空も海軍航空も、戦法の主体は体当たり攻撃だった。

すでに前年の十一月、七十戦隊からも島袋《しまぶくろ》秀敏曹長らが特攻隊員に選ばれていた。西川伍長はじっとしていられず、いまこそと意を固めて、軍医に原隊復帰を願い出た。「自分は現在入院中でありますが、沖縄までなら飛行可能と思います。できましたら退院させていただけませんでしょうか」。

「検査して結果に問題がなければ」。熱意に押されたのか、軍医は速《すみ》やかに了承。準備を整え、身体機能と体力、知能の各検査があらためて実施された。後者は算数のかんたんな加減乗除が主だった。

結果は「操縦に支障なし」と出た。通知が行ったのだろう、五月二十四日、七十戦隊の衛生兵が大部屋にいた伍長を迎えに現われた。彼には、天上からの使者にも見えたに違いない。

木炭バスと電車を乗り継ぎ、柏飛行場まで二キロ近い道のりを歩いて、なつかしい部隊の正門を感激とともに通った。

本部で戦隊長・坂戸少佐、飛行隊長・本多大尉たちに帰還を申告する。「よく帰ってきた

な」と戦隊長は喜んでくれた。それは苦境に耐え、努力で帰路を拓《ひら》いた伍長への、なにより
の労《ねぎら》いだった。

操縦者への復活は、連絡用の古い九七戦から始まった。ひさびさの飛行をしくじらないよう、地上滑走を一回やってから離陸する。ついで「横浜まで行ってこい」と命じられて、焼け野原の市街の上空を一周してもどった。

一式戦はもう残っていなかった。すなわち次は二式戦だ。第三隊長・吉田大尉の「じゃあ今日いっぺん、やってみるか」の言葉で搭乗が決まった。

用意されたのは、四〇ミリ機関砲ホ三〇一を主翼に付けた二型乙だ。乗りこむとき、さすがに緊張と不安を感じた。まず充分に全開滑走して感覚をならす。そして、心を落ち着けて離陸に挑む。高度をとり脚を納め、旋回から水平飛行へ。案外やさしい。「半年乗っていないのに、できるもんだな」。不安が自信に変わっていく。

いよいよ着陸。彼に入院の苦闘を強いた難物の機動だったが、なにごともなくスムーズに降りることができた。ついに二式戦操縦者として再起のコースに乗ったのだ。

操縦者に復帰し、千葉県野田の保養所へ出かけた西川正夫伍長。

七十戦隊の少飛出身操縦者たちが、二式戦二型の前にならぶ。右はしが13期の西川伍長。左へ同期の平原伍長、８期の長船泰文軍曹、７期の河西節佳曹長、10期の大滝清軍曹、11期の谷本弘登軍曹、10期の宮沢定雄軍曹。

以後、特殊飛行までを演練した西川伍長は、第三隊の宮沢定雄軍曹の僚機に指定され、出動要員として固有機と「うしお」の呼び出し符牒を与えられた。また、新たに一〇名ほど配属された少飛十五期の未修訓練を、平原伍長と担当した。

六月以降、本土決戦を前に作戦飛行が手控えられたため、実戦参加の機会はついになかった。だが敗戦までの二ヵ月半に、彼ほどの満足感を覚えた操縦者はきわめてまれだったはずである。

八月二十八日に復員した西川さんは、戦後の職業に公務員を選んだ。心身ともに健常だが、筆の運びについてだけは過去の記憶から来る先入観と葛藤が表われて、ときに乱れる場合があった。

それを揶揄《やゆ》する言葉を聞いたとき苦痛を感じたが、かつての不遇の期間に比べれば忍耐は困難ではなかった。

掌《てのひら》がひどく焼けてしまった三浦伍長の、左手への大腿部からの組織移植手術は、途中で敗戦を迎えて病院内が混乱し、八月二十五日まで未了のまま放置されたため、後遺症が残った。翌年の再手術も功を奏さなかった。

農業に従事した三浦さんの火傷はしだいに治癒。ピンポン玉さえ摑めなかった左手が、鎌を持てるようになるまで辛い訓練を続けた。

同期トリオの平原氏は、戦時中は受傷とは無縁だったが、昭和四十一年に不慮の事故で若くして世を去った。ひとり戦隊で活動を続けた彼の回想をぜひ伺いたかった。

取材の最後に、失礼ともとられかねない質問だったが、二人に「これほどの傷を負ったことで、操縦者になったのを後悔されましたか」とたずねた。

西川さんは「自分のミスで起きたのだから、後悔はありません。空への復帰の努力を完遂したことが、精神的な支えになっています」と答え、三浦さんからは「そうした気持ちは、特にない。『わが青春に悔いはなし』と思っています」と明快な返事があった。

二つの言葉が、筆者の心のしこりを解きほぐしてくれた。

「ユングマン」の満州

——広大な天地で若者たちが学んだ

ドイツ機ファンでなくても第二次大戦機に関心のある人なら、ビュッカー「ユングマン」の名を聞けば、小柄で華奢《きやしや》な複葉複座機が頭に浮かぶだろう。本国はもとより、ユーゴスラビア、ハンガリー、スイスなどで軍用練習機として使用され、スペイン、チェコスロバキアでは量産も進められた。それだけ優れた設計だったのだ。

日本では海軍と陸軍が別々に採用し、ライセンス生産機を装備した事実も、航空史に興味のある人には常識と言えよう。けれども使用状況と評価は意外に記事にまとめられておらず、機名だけが広まったきらいがある。

日本の練習機として、関係者のほかには実情が知られていない用途に、満州（中国東北部）における陸軍士官候補生の操縦教育がある。集中的に用いた機数としては、ドイツをふくむ各国同型機のうちで最多ではないだろうか。

てくる。

この敗戦まぎわの教育状況を調べると、追いつめられた日本の実情が明瞭に浮かび上がってくる。

高練でスタート

陸軍士官学校から昭和十三年（一九三八年）に独立した航空士官学校が、受け持ついくつかの任務のうちで、最も重視されたのは、航士校の生徒すなわち士官候補生の基本操縦教育だった。中隊の隊付から中隊長、戦隊長へと昇進し、陸軍航空における指揮系統の要職の大半を占めていく彼らは、航士校で羽布《はふ》張り・複葉の初歩練習機／中間練習機、全金属製・単葉の高等練習機／旧式実用機の順で操縦を学んだ。

航士五十期（最初の航空士官候補生だが、陸士と期数を合わせた）～五十三期は九五式三型（初練）から九五式一型（中練）に進み、このあとは機種ごとの分科に分かれてそれぞれの旧式実用機に搭乗する。

五十四～五十七期は初練をなくして中練からスタートし、そのかわりに九九式高等練習機を導入して、実用機の高性能化によって広がるギャップを埋めた。

五十七期生が昭和十九年三月に卒業して一ヵ月後、現役将校操縦者の不足から、陸士五十七期卒業（地上兵科）の第二次航空転科者が航士校に入校し、九十六期操縦学生として教育を受ける事態に至った。

士官学校の所在地、神奈川県座間《ざま》からの転科者なので「座間転」と呼ばれた彼らは、中練をとばして、いきなり九九式高練に乗せられ操縦教育を受けた。彼らが特に操縦適性に富んでいたからではもちろんなく、できるだけ短期間で操縦者に仕立てるのが狙いだった。

上：九五式三型練習機。いわゆる初歩練習機で、陸軍操縦者をめざす者が最初に乗る。方向舵に書かれた、白丸に赤の「士」とひらがなの愛称（この機は「おばこ」）は航空士官学校の流儀だ。下：赤トンボと呼ばれた九五式一型は中間練習機で、太平洋戦争に参加した陸軍操縦者の大半がこの機で教程を学んだ。オレンジ色が三型より暗いのはフィルムの性質による。

この速成方法は、同年十月から操縦教育を受け始めた五十八期生にも応用された。彼ら八〇〇名あまり（満州国軍の軍官三期生をふくむ）は、新人教官の増加、飛行場と訓練空域の混雑、アルコール燃料の採用といったマイナス要素のなかで、中練にくらべ操作と操縦がかなり難しい九九高練を用いて、士官候

初練と中練は訓練生が後方席だが、全金属製の九九式高等練習機は、実用機と同じく前方席に座る。難点の翼端失速に注意すれば、高練としては手ごろな使いやすい機材であった。

補生の殉職が六名にとどまったのは、成功と評していいだろう。

機体が傾き、回復の舵が効かなくなる、初心者には御しがたい翼端失速。その傾向を有するゆえに、九七式戦闘機より扱いにくい、とも言われた高練で訓練を始めて、問題を生じなかったのか。当時、五十八期を教えた三人の回想を聞いてみる。

梶三郎さん（第四期少年飛行兵出身、重爆撃機分科）

「『やさしい中練よりも、最初から実用機に近い高練で教育した方がいい』という航空士官学校長の意見を容れたものと聞いています。急旋回時や接地前に操縦桿を引くと翼端失速をまねくが、そうした危険な機動を候補生に説明し、彼らに行なわせずに教育したため、あまり事故はありませんでした。高練から始める操縦訓練は、とくに問題なくできたと思う」

野《の》澤《ざわ》淳能《あつよし》さん（第五十五期航空士官候補生出身、偵察機分科）

「プライマリー（初級グライダー）の滑空経験しかない五十八期生ですが、九九高練の訓練にちゃんとついてきた。失速が原因の墜死は、満軍の候補生（日本人）一人だけでした。中練に乗らなくても高練が初級階梯《かいてい》機というつもりでかかればいいのです。かくべつ困難な方式ではありません」

多胡《たご》二郎さん（第八十二期操縦学生出身、戦闘機分科）

「着陸時のフラップの開度が四五度だと翼端失速に入りやすいので、二〇度でやるように教えました。これなら候補生でも問題なく、安定した着陸ができます。失敗はほとんどなかったように覚えています。事故の合計件数は中練を用いたときとあまり変わらず、訓練はスムーズにいきました」

出身と分科（専修の機種）が異なる彼らの、航士五十八期生に対する高練教育の回想は、ほぼ一致する。それぞれ実用機に搭乗して六年強、二年半、四年のキャリア（昭和十九年十月の時点で）を持つインストラクターの判断は的確で、信頼がおける。

なぜ「ユングマン」を？

五十八期が成功したのなら、次の五十九期の士官候補生たちにも同じ訓練法をとるはずだが、そうはならなかった。五十九期生には、ふたたび複葉練習機が用意された。それも中練の九五式一型ではなく、はるかに軽量・小型の四式練習機だ。

この先祖返りのような事態は、なぜ生じたのか。

まず時期を知る必要がある。昭和十八年二月に入校した五十九期生の前期教育（地上教育）を終えたのは二十年三月。沖縄決戦の天号作戦が確実視され、全軍特攻が叫ばれていたときだ。爆弾を付けられる飛行機は特攻機として使う算段が立てられていた。

九九高練もこの例にもれない。たかだか四八〇馬力のエンジンでも、二五〇キロの爆弾を抱いて一応飛ぶことはできる。すでに十八年に生産を終えており、こんな資材を食う練習機を再生産するはずがないから、残存機の多くは特攻用にまわし、訓練用は最小限にとどめる方針だった。

前出の梶三郎准尉は、昭和十九年の末に航士校の材料廠で、オレンジ色の塗装の上に暗緑の迷彩をほどこした高練を見た。「なにに使うんだ？」。梶准尉がたずねると、廠員は「大きな声では言えないが、特攻ですよ」と答える。「馬鹿なことを言うな。こんな飛行機に爆装してなにができる！」と憤《いきどお》ったが、硬直した航空本部は「馬鹿なこと」をまじめに実行しつつあったのだ。

それなら五十七期生までが使った中練の、九五式一型はどうか。これも生産終了で、残存機は練習飛行隊（新設。旧来の基本操縦学校は二十年二月に閉鎖）で特別操縦見習士官や少年飛行兵の操縦訓練、特攻訓練に使わねばならない。五十九期生操縦生徒一〇〇〇名分の使用機はそろえられなかった。

そこで四式練習機が充当されたというわけだ。
原型はスウェーデン人アンデルス・J・アンデルソンが設計し、一九三四年（昭和九年）に初飛行した、ドイツのビュッカー社製スポーツ機兼練習機Bü131「ユングマン」。日本に

ドイツで開発のビュッカー「ユングマン」を国産化した四式練習機。軽量小型で資材を食わず、作りやすくて低質燃料で使用できる、手軽さが第一ながら性能も良好な優秀機である。

輸入されたのは昭和十三年からで、まず海軍が国産化を決めて渡辺鉄工所（のちの九州飛行機）でライセンス生産させた。十八年六月に二式陸上基本練習機「紅葉《こうよう》」の名で制式採用され、二一七機を作っている。海軍練習機に初めて用いられた「基本」の意味は、初練と中練の両方に使えるということだ。

海軍にひとあし遅れて、昭和十七年に陸軍も追随する。マイナーなメーカーだった日本国際航空工業（日国と略称）に国産化を命じ、同社は十八年度（十八年四月から十九年三月）二六〇機、十九年度七六三機、二十年度七機の合計一〇三〇機を生産。ほかに大刀《たち》洗《あらい》製作所（渡辺鉄工所からの分離会社）で相当数が作られた。

略号をキ八六と言い、四式練習機として制式兵器

になったのは昭和十九年四月。海軍と同じく、初練と中練を一本化する機材と見なされた。
全幅七・三五メートル、全長六・六二メートル、自重四一〇キロときわめて小型軽量で、鋼管骨組みの胴体は機首部がジュラルミン外板、それ以外の主要部は羽布張りでできていた。エンジンはBü131のヒルト504Aに倣《なら》った、日本唯一の空冷式倒立列型（四気筒、公称一〇〇馬力）の日立ハ四七（のちハ一一に改称。海軍呼称「初風」一一型）。

つまり、より少量の資材で、大型プレスや本格ジグを要さず町工場でも作れる。燃料の消費量もわずかなうえ、七〇オクタンの低質品を使用。最大速度一八〇キロ／時は初練と同等で、中練に準じた特殊飛行が可能。これらの長所がならべば、陸海両軍ともが採用を決めたのにはなんの不思議もない。

海軍二式基本練習機あるいは略称の二式基練、陸軍四式練習機あるいは略称の四式練は書類上でしか使われず、たいていはドイツのニックネームどおり「ユングマン」と呼ばれた。若者の意味だから、用途および搭乗者に似合った呼称だ。

海軍の二式基練は機数の少なさもあって、九三式中間練習機に取って代われず、実施部隊で訓練や連絡に用いられただけだった。

これに比べて四式練は、昭和十九年の初めから基本操縦学校で使用され始め、二式基練の五倍近くが作られただけあって、逐次その数を増した。教育途中での九五練への変更や併用はなく、独自の訓練計画《シラバス》が立てられたようだ。二十年に入ってからは九五練に代わって、練習飛行隊での主役の座を占めつつあった。

安全地帯は満州だけ

マリアナ諸島からのB-29による関東空襲が、昭和十九年十一月下旬に始まってすでに三ヵ月余がすぎ、東京市街は大規模な焼夷弾空襲を受けた。二月の後半に三日間、関東の飛行場が敵艦上機群の激しい銃爆撃にさらされている。また、硫黄島の陥落は時間の問題で、そうなれば戦闘機が進出して、内地のほかの地域の上空に飛来するに違いない。

修武台と呼ばれる航空士官学校は埼玉県豊岡にあった。豊岡の付属飛行場ではまかないきれないので、埼玉、群馬の飛行場も使っていたが、戦場と化しつつある関東の空では到底、落ちついて操縦教育をやっていられない。内地の主だったエリアはどこもすぐに同じような状況になるだろう。

内地以外に、多人数が訓練可能な場所は満州だ。十九年七月から十二月に中国奥地からのB-29の空襲が五回あったが、二十年に入ってからは一度もない。飛行場には困らないし、航空ガソリンの備蓄があり、高純度（無水）の一号アルコールの生産も三月には始まる。練習機の燃料はすべてアルコールを使用、の通達が十二月一日付で出されていたから、いいタイミングだった。

二月から三月にかけて、航空本部、航士校、陸軍省の各担当者が満州へ出向き、現地調査を実施。操縦生徒（操縦分科の士官候補生）の渡満が決定し、彼らは三月二十四日に中隊ごとに次の四ヵ所の飛行場に移動、分駐し、出発を待った。

第二十一中隊（飛龍隊）──戦闘分科、埼玉県狭山飛行場
第二十二中隊（風雲隊）──戦闘、襲撃分科、埼玉県高萩飛行場
第二十三中隊（蒼龍隊）──重爆、戦闘分科、埼玉県坂戸飛行場
第二十四中隊（翼源隊）──戦闘、司偵分科、群馬県館林飛行場
第二十五中隊（虎搏《こはく》隊）──戦闘分科、高萩飛行場

固有名詞の隊名の頭文字《かしら》は順に、「ひ」「ふ」「さ（旧かな遣いで）」「よ」「こ」（ご）と、語呂を合わせてある。

一個中隊は五〇名ずつの四個区隊、約二〇〇名からなる。緒戦時には陸軍航空の主役とも言えた進攻用の重爆分科がすっかり影をひそめ、全体の七〇パーセントを戦闘分科が占めており、防戦一方の戦局を感じさせる。

このとき軍曹の階級を与えられていた士官候補生たちは、航法、射撃、気象、通信の講義を受けるかたわら、プライマリーとセコンダリー（中級グライダー）を使って滑空訓練に従事した。ゴム索の反動で発進し、短距離の直線飛行を体験するだけながら、操舵感覚を味わうことはできた。あわせて四式練の計器配置の暗記にも努めた。

彼らもふだん四式練を「ユングマン」と呼びならわしていた。そこで本稿でも以下、この

ニックネームで表記する。

昭和十九年五月の東條英機陸軍大臣（首相兼務）の突如来校をきっかけに、地上兵科の教官が増え、航空兵科本来の柔軟さのかわりに堅苦しさがめだつ校内で、候補生の操縦への想いは当然つのっていった。

いいのか悪いのか

五個中隊のようすを逐次記述したのでは、錯綜《さくそう》や重複が生じるので、埼玉県坂戸飛行場の二十三中隊を軸に綴《つづ》っていこう。

昭和十九年十一月の熊谷飛行学校・前橋教育隊。特別操縦見習士官（特操と略称。大学、高等専門学校出身の予備役操縦将校コースで、海軍の飛行予備学生にあたる）の一期生で、任官から一ヵ月あまりをへた関根雅美少尉は、オレンジ色に塗られた二機の「ユングマン」を見た。九五練からの機種改変テスト用に持ちこまれた機材だ。

区隊長から、背面飛行が得意な飛行機、と聞かされた。エンジンが倒立式のためだろう。確かに気筒が下向きに並んでいる。「これじゃ点火栓が汚れるぞ」と予測し、同時に「こんな華奢《きゃしゃ》な機が、二人も乗せて本当に飛ぶのか」と恐ろしくすら感じた。エンジンの取り付けボルトの径がたった九ミリだから、無理はない。

二十年一月、関根少尉は教官として航士校に転属。「双練」と呼んだ一式双発高等練習機

九五式一型からの機種改変テスト用に、熊谷飛行学校・前橋教育隊に２機持ちこまれたオレンジ色の四式練習機(キャプションではこの制式名称を用いる)。整備の軍属３名がカウリングをはずして点火栓を交換中。昭和20年３月の状況だ。

のテスト飛行時に、あわや即死の大事故をくぐり抜けたのち、坂戸で「ユングマン」とふたたび相まみえる。

未経験の機材をあつかう未修訓練のための、初搭乗は二月から三月にかけてのころだ。実用機の経験はなくても、中練、双練、九九高練の順でこなしてきたから、いきなり単独で離陸できる。

まず、離陸時に機首を振る偏向癖がわずかなのが、初心者教育に向いている。操縦は容易で、特殊飛行もなんでも可能。失速、きりもみに入っても、すぐに回復する。聞いていたとおり背面飛行もやりやすい。

飛行特性上のマイナス点といえば、わずか一〇〇馬力のエンジンなので、どうしても上昇力が不足することだ。宙返りのさいにこれがはっきり出て、降下で速度をつけてからかかっても真円を保てず、ℓ字形を描いてしまう。

胴体が小造りなので座席内の深みが足りず、体格のいい関根少尉の場合、肩から下がかな

前橋教育隊の関根雅美少尉と四式練。計器盤、戦闘帽の左のバックミラーに注意。

り露出して当初は違和感をともなった。脱出を容易にするために、座席側方が開閉式の扉になっているのも、ブリキ細工の安直さを思わせた。

反対に、出力に応じて爆音が小さく、被教育者を驚かさない点、燃料消費量がごく少ない点はプラスだ。わずか八九リットルの満載燃料（ただし指定よりも高級な八六オクタン）、二人乗りで、航続四時間一〇分、距離五四〇キロのテスト記録がある。巡航速度一四〇キロ／時。まさに現在の自動車なみと言っていい。

関根少尉にとって「ユングマン」の長所は欠点を大きく凌駕し、総じて「いい飛行機」の評価を与え得た。中練すなわち九五練も気に入っていたが、自分もこの小型機で教育を受けたかった、と思うときもあった。

機材の評価は人によって異なる。関根少尉の評点は、最も高い部類に属する。やはり坂戸で未修飛行（その機を乗りこなすための訓練飛行）をすませた、他の二十三中隊の教官たちはどう感じたか。

区隊長・野澤大尉の判断は「初めてでもいきなり乗れる、おもちゃのような軽い飛

満州・温春飛行場での梶三郎准尉。四式練のカウリング後縁の下方に付けられた煉炭状の物は滑油冷却器。前方席の簡素な側方板（脱出用扉）が開いてある。

行機」。倒立エンジンなので、下に付いた点火栓が潤滑油をかぶって故障を生じやすい。そんなときは背面飛行に切りかえて滑油をもどし、回復を期待した。二人乗りだと、増した重量のおかげで高度を取るのに手間どり、特殊飛行の訓練で二〇〇〇メートルまで上がるのに二〇分を要した。

「九五練（中練）と比べると頼りないが、ひととおりのことはやれます。ただし比較するなら、九五練を選ぶでしょう」と、関根さんよりやや辛口だ。

構造のバランスがいい「ユングマン」は、軽量・小型なりに充分な強度を備えている。この特性を飲みこんだ多胡中尉が、いったんおちいると強いGがかかり、回復が困難なので九五練でもやったことのない、背面きりもみを試し、みごと立ちなおりに成功した。舵の効きのよさ、背面飛行をずっと継続できる特性も一因だった。

機体強度に反し、降着装置は彼の基準に達しなかった。主車輪の間隔が狭いため、着陸滑走時に引っかけられ（機体が回され）やすく、方向舵と連動する尾輪柱の強度も充分とは思えなかった。

「『ユングマン』は初心者があつかう機材としては、操縦が敏感すぎます。基本操縦教育用には九五練のほうがずっといい」。多胡さんの判定はいっそう辛い。

さらに手きびしいのが梶准尉だ。彼だけはケガのため、遅れて満州で初搭乗した。

離陸後一五〇メートルまで上がって第一旋回をすますのに、馬力不足で時間がかかりすぎる。一人ならいいが二人乗りだと苦しいようでは、練習機としての能力に疑問ありだ。上昇をともなう特殊飛行を教えるのが困難だった。

高度三〇〇〇メートルまでの上昇がアップアップ、バウンドすれば脚折損の不安がある「ユングマン」と、五〇〇〇メートルの高度をかせげ、三五〇馬力の出力でどんな機動も確実にこなせる九五練とでは、大きな差があることを梶准尉ははっきりと認めた。

こうしてならべてみると、飛行歴の古い者ほど低く評価している。それぞれの指摘はもっともな事柄だから、あくまで偶然の順列だろう。ただ、九五練や実用機に長く乗ってきたことが、「ユングマン」への違和感を強める要因の一つになっても不思議はない。

候補生、海をわたる

五十九期生の操縦教育のための組織、航士校満州派遣隊の人員は、候補生一一三五名（うち二七名は満軍の軍官生徒）をふくむ約四五〇〇名。これに「ユングマン」五〇〇機、九九高練一三〇機、一式双練四〇機が加わる。

派遣隊長には立山武雄大佐、派遣隊先任将校には下山登《みのる》中佐が任じられた。二人は二年前の東部ニューギニアにおいて、第十四飛行団長と飛行第六十八戦隊長の立場で、ともに三式戦闘機「飛燕」に乗って空戦し、あるいは苦闘の地上指揮をとった間がらだった。

非常にきびしい船舶事情のなかで、人員と分解・梱包《こんぽう》の「ユングマン」を運ぶ、輸送船二隻が手配された。

沖縄戦たけなわの四月、本土周辺の制海権はほぼ敵手に落ち、日本海をわたる艦船は米潜水艦の好餌《こうじ》だ。高萩飛行場の二十二中隊では、撃沈された場合の備えとして、学校のプールを使って飛び込みの訓練を実施した。

輸送船の甲板から海面までの高さに等しい、一〇メートルの飛び込み台。ハードな水泳になじんだ海軍とは違って、陸軍では高飛び込みの経験者は少ない。初めて台上に立って一一・五メートル下を見たとき、初心者の目のくらみと足のすくみ、そして怖《おそ》れがどれほどのものか、筆者は容易に理解できる。

小銃のかわりに、銃剣術に使う木銃《もくじゅう》を抱いた候補生たちは、区隊長の号令で台の前縁に立ち、そのままの姿勢で次から次へと台を蹴って、はるか下方の水面へ落ちていく。躊躇《ちゅうちょ》は許されない。前の者にすぐ続いて、髙野晴彦候補生は身体を堅くしたまま宙に浮き、ややたって水中に突入した。

深く沈みこみ、木銃を持たないほうの手で懸命に水をかいた。ようやく顔が空気にふれ、プールサイドに泳ぎ着いて、助教に引き上げてもらう。「もう二度とやりたくない」と髙野候補生が思ったのは当然だ。彼は船が沈まないように祈った。

四月十日をはさんだ数日間、航士校校長・徳川好敏中将が四ヵ所の飛行場を訪れ、候補生たちと会食。日本最初の操縦者だけに、満州での彼らの訓練に思いをはせ、熱意をこめた訓話を聴かせた。

このとき徳川中将の胸中に、あらたな不安が加わっていたのは間違いない。それは、五〜六日前の四月五日にソ連が通告してきた、日ソ中立条約の不延長だ。条約は今後一年間有効の約束とはいえ、米英軍の圧倒的優勢にともなって、ソ連が対日態度を悪化させる変化は充分に考えられた。

満州の北部国境はソ連と接している。対ソ戦が勃発《ぼっぱつ》した場合、朝鮮、内地へ送還しやすいように、航士校側は候補生の訓練用に満州中南部（ハルピン、新京付近）の飛行場を希望したが、ソ連との戦いに必要（敵とのあいだに距離がないと航空基地は使いにくい）とされ、東端部と西部の両地域への展開が決まった。当然、開戦のさいの危険度は高いが、そのおりには関東軍隷下《れいか》の第二航空軍が、航士校満州派遣隊を助け出す考えだった。

四月なかば、候補生たちは貸し切りの列車で出発。甲府、上諏訪、直江津、富山を経由し

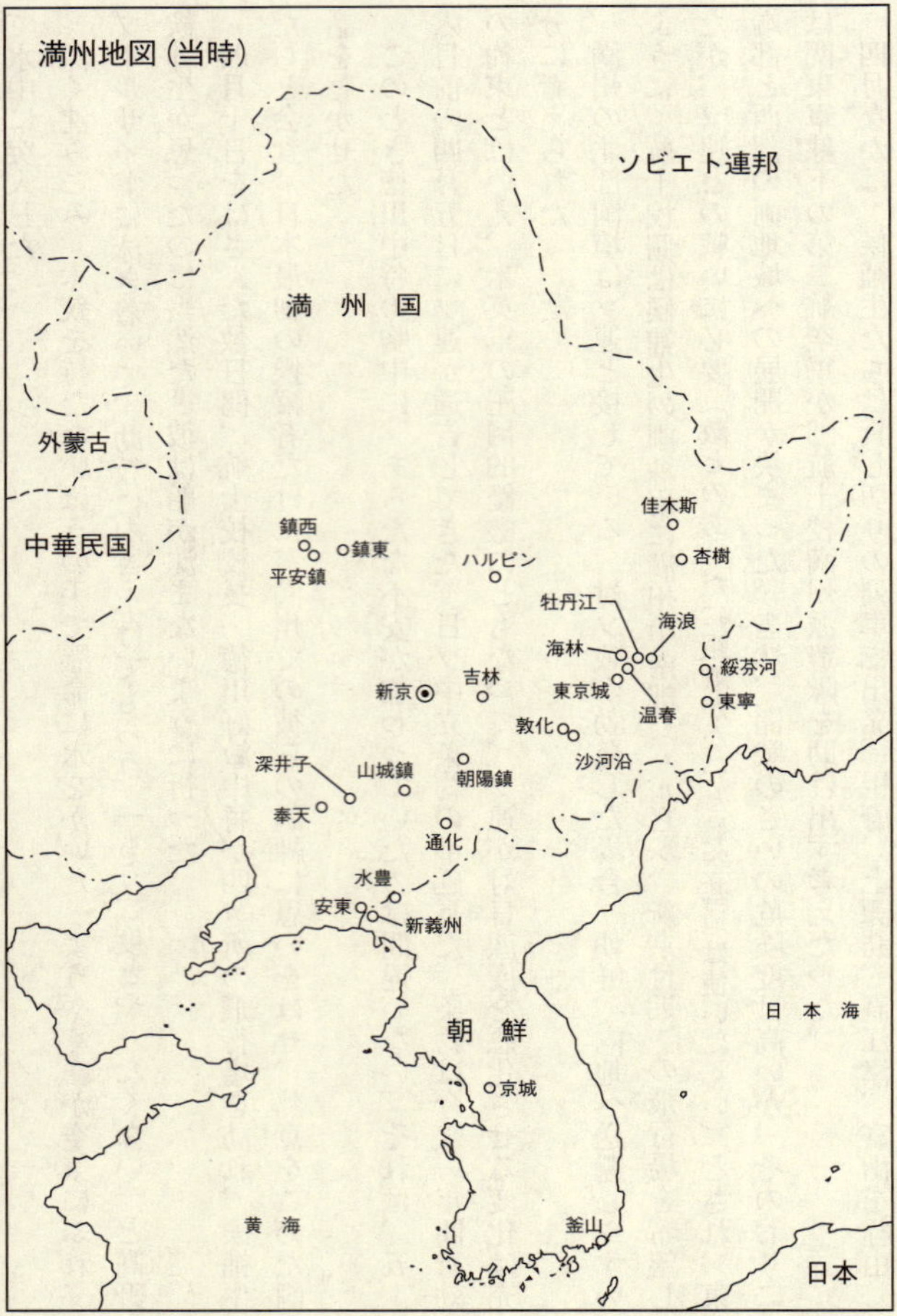
満州地図（当時）
ソビエト連邦
満州国
外蒙古
中華民国
鎮西
鎮東
平安鎮
ハルビン
佳木斯
杏樹
牡丹江
海浪
海林
綏芬河
東京城
温春
東寧
新京
吉林
敦化
沙河沿
深井子
山城鎮
朝陽鎮
奉天
通化
水豊
安東
新義州
朝鮮
日本海
京城
黄海
釜山
日本

て高岡にいたる。二十日と二十二日に富山県伏木港を一隻ずつで出た輸送船には、海軍の護衛艦艇が付いていたが、対潜能力はわずかで気休めでしかない。高野候補生の願いがかなって、幸い敵潜水艦には見つからず、二隻とも朝鮮東岸北端の清津《せいしん》港に入ることができた。

ここから先は陸行だ。各中隊は南満州鉄道でそれぞれ左記の飛行場へ向かい、二十六日に到着。

第二十一中隊――鎮東および鎮西
第二十二中隊――杏樹《きょうじゅ》
第二十三中隊――温春および東京城《とんきんじょう》
第二十四中隊――平安鎮
第二十五中隊――海浪および海林
派遣隊本部、材料廠――海浪

第二十二、二十三、二十五中隊および本部、材料廠は満州東端部、第二十一、二十四中隊は西部に位置した。東西の間隔は五五〇キロを超える。

教官たちは空から

整備関係者はほとんどが候補生たちと海路をたどったが、教官、助教を務める操縦者たちには九九高練と一式双練の空輸任務があった。

昭和20年４月13日、九九高練空輸のため坂戸飛行場から、米子、朝鮮経由で満州へ向かう二十三中隊の教官、助教たち。

二十三中隊がいた坂戸飛行場では四月十三日、まだ出発前の候補生に見送られて、野澤大尉の指揮する高練九機が第一陣として出発した。後方席には腕のいい整備の軍属（民間人）を乗せていた。

離陸のさいにブレーキパイプが切れた関根少尉機だけが、修理のため二時間ほど出遅れた。八機が向かった最初の中継基地は米子だ。後発の中隊長・佐藤重由《しげよし》少佐は「内地だから一人で行け」と言う。三〇分以上の飛行をした経験がない少尉にとっては〝遠隔地〟だが、浜松、各務原《かがみがはら》に降りつつ、米子で合流できた。

一泊して朝鮮南部の大邱《たいきゅう》へ。南北に走る滑走路に、吹き流し（気象と風向を示す）の尾部が頭部よりも高く上がるほどの強い西風が吹いていた。関根少尉は風に耐えるべく、機首を風上方向へ三〇〜四〇度曲げて進入する。接地直前で機首を正しくもどしたら、一〇メートルほど東へ流され、飛行場標識に右水平尾翼が当たって尾翼端がもげた。

牡丹江省・東京城の飛行場で二十三中隊の四式練の組み立てを終え、各部チェックが進む。右はしの機は機首を真北へ向け羅針盤磁差修正の作業中。

修理はいつできるか分からない。気さくで腕ききの野澤大尉が飛んでみてくれ、「だいじょうぶだ。この機で温春まで行けるよ」と請けあった。

平壌と満州・奉天で一泊ずつ、首都・新京で命令受領と本校との連絡のため二泊して、四月十八日に九機とも温春飛行場に進出した。前年の夏までここで、飛行第二十八戦隊の百式司令部偵察機に乗っていた大尉には、知りつくした場所だ。

四ヵ所の飛行場からそれぞれの中隊が適宜、編隊でまとまって満州へ向かう。

二十三中隊付の梶准尉の場合はいささかイレギュラーだった。足の負傷が癒《い》えて坂戸飛行場に来てみたら、みな出発したあとで人影がまばらだ。そこで狭山におもむき、二十一中隊の候補生を乗せた双練で、学鷲（特操一期）教官の高練五機ほどの誘導役を引き受けて、平安鎮（二十一中隊用の鎮東と鎮西から等距離にある）へ向けて離陸した。

満州派遣隊の人々と同じ船で運ばれた「ユングマン」も

オレンジ色の四式練が５月の東京城飛行場を走行する。搭乗者とくらべて機体の小ささを実感できよう。主脚カバーは取り外しずみ。カウリングには「１」(号機)が白で記入してある。

清津で荷下ろしされ、二十三中隊の分は五月二日に貨車で温春の駅まで運ばれてきた。吉川静雄少尉が指揮する整備隊と、手伝いの候補生たちが総出で受け取りに出向き、板材による梱包《こんぽう》を三キロ離れた飛行場まで運んだ。車輪が外に出ているから押していけるのだ。

二十三中隊は佐藤中隊長のいる温春が本隊、その南西に位置する東京城が分遣隊で、候補生を二個区隊ずつに二分した。適当に分けたのではなく、前者が戦闘分科、後者は重爆分科だった。

温春の区隊長の宮本彦治大尉と早速《はやみ》晋大尉は、ともに重爆分科の操縦者。東京城の野澤大尉と生田惇《まこと》大尉は分科も出身期も同じで、二人の上に軽爆撃機操縦者の大坂利雄大尉が中隊付先任将校として配置された。

「ユングマン」の組み立てと整備がすむまで、候補生たちは飛行準備の地上教育を受けた。

それが終了したのは五月十六日だ。

坂戸飛行場長から二十三中隊付に転じた、整備トップの吉川さんは「中隊が受領した『ユングマン』は八八機。これをほぼ同数ずつ、温春と東京城に分けた」と回想する。五〇〇機を内地から運びこみ、五個中隊二一個班に分割すれば、一個班二三・八機。四個班／一個中隊なら九五・二機になる。五〇〇機はある程度の幅をもつ概数だから、吉川さんの記憶は正確と言える。

ところが温春の一個班の保有数は、一一機に予備一機の計一二機。東京城のほうも、多胡さんの「九機と予備一機で一個班」、野澤さんの「合計（二個班）二〇機以上」の回想から、似たような機数と知れる。つまり二十三中隊の保有は四五機前後にとどまり、吉川氏の記憶および五〇〇機からの単純計算値の半分でしかない。損耗はあったが、残り半分のゆくえへの解答には遠い。海浪の材料廠か寧安《ねいあん》（温春と東京城のほぼ中間）の航空廠分廠に相当数が預けてあったのだろうか。

同中隊の候補生の一人だった小田暁氏がまとめた資料には、飛行可能四四機、試験飛行未定一三機、組み立て不能四機、内部故障一機、組み立て未着二五機、合計八七機のデータがあり、前記内容と合わせて状況の類推に役立つ。

教育の始まり

教官、助教は一人につき五名の候補生を受け持ち、この六名を「組」と称する。訓練に用いる「ユングマン」は組の固有機だ。

二十三中隊本隊の宮本区隊（第一区隊）の教官・助教一一名と候補生五五名は、第一教育班と呼ばれた。一一個の組が持つ機材に対し、一組から順に以下のような愛称が案出され、航士校の慣習にしたがって、方向舵にひらがなで書きこまれた。

いちう（一宇）、ふがく（富嶽）、みたて（御盾）、しんてん（震天）、ごこく（護国）、ぶこく（武克）、しちしやう（七生）、はつくわう（八紘）、げんぶ（玄武）、てつしん（鉄心）、ばんだ（万朶）、そして予備機がたんしん（丹心）。

多くが組番号との語呂合わせで、またいずれも特攻隊の隊名を用いている。これらは宮本区隊長の考案といわれ、彼の文才の高さを想像できる。

一一名のインストラクターの内訳は、ベテランの准尉が二名、中堅の軍曹が一名、学鷲の少尉が八名（特操一期が五名、二期が一名、甲種幹部候補生が二名）。少尉たちのキャリアは決して長くないが、基本操縦教育を終えた者が次の期の教官・助教になるパターンは、前年の春から実施されていた。そのころから少年飛行兵は、一人のインストラクターに習うのが八名に増やされたから、航士五十九期生の一対五は優遇と言える。

四組の教官に任じられた関根少尉は、彼の教えを受ける面々と相対《あい》して「さすがは士官候補生」の感を抱いた。言動にけじめがあり、機材の仕組みや操作法などもよく理解している。近い将来、彼らに航空戦の帰趨《きすう》がゆだねられると思うと、身の引きしまるのを覚え、手に入るかぎりの教本を熟読し、的確な教え方を模索した。

操縦教育の開始は五月十七日。四組の固有機、機体製造番号七八九の「しんてん」を使っての、空を飛ぶ最初の訓練は「慣熟飛行」。操縦訓練を意味する海軍の同名語とは違って、関根教官が操縦する二〇分ばかりの同乗飛行のあいだに、候補生は操縦桿を動かさず、地形のようす、計器の針の振れ、操舵の反応などを目と身体で確かめ、伝声管で発唱（教官との応答）を行なってみる。早くいえば、真剣で緊張する体験搭乗だ。

6月、東京城での第三教育班の訓練風景。左の組は国方英一少尉、右の組は小林少尉が、5名ずつの候補生を担当する。

翌十八日から二十一日まで、基本空中操作（離陸、着陸などは教官が担当）を学ぶ。これが操縦操作訓練の第一歩だ。日曜をのぞく三日間、合計七回の飛行で、水平直線飛行・上昇・降下、水平旋回、上昇旋回・降下旋回の方法を体得すると、つぎは場周離着陸。

出発線から発進し、滑走、離陸ののち上昇直線飛行、上昇しつつの第一旋回、水平飛行の第二、第三旋回、降下しつつの第四旋回をすませて、降下直線飛行、着陸、停止までのコースメニューで、基本的な操作がすべて含まれる。インストラクターから単独飛行の許可が出るまで毎日、一回八分ほどの場周飛行の訓練を、複数回ずつ続けるのだ。

教官・助教と違って、候補生たちには「ユングマン」が初めての飛行機なので、機材の比較意見の述べようがない。第一教育班・竹中准尉の八組に入った稲垣正雄さんの、乗機についての回想を以下に示す。

「『ユングマン』の前方席に教官が、後方席には候補生が座りました。単独飛行のときも後方席です。小型機なので、前方席だけに乗ると頭が重くなって、引っくり返るからです。座席まわりは操作に支障がないだけの広さはある。機の姿勢がおかしくなったら手を離せば回復する、きりもみに入っても手を離せばもとにもどる、と聞かされました」

稲垣さんのこの記憶には、いささかも誤りがない。航空本部作製の取り扱い要領には「翼面積ハ小ナルヲ以テ装備状態ニヨリ…重心点ノ移動ニ影響スルコト比較的大…。前方席ニ一名ノミ搭乗スル時ハ重心著《イチジル》シク前方ニ移動シ、特ニ着陸ニ際シテハ危険ナルヲ以テ、一名ノ場合ハ必ズ後方席ニ搭乗スルヲ要ス」「錐揉《キリモ》ミニ陥《オチイ》ル傾向ナシ」とある。

教える者と教わる者と

温春は、格納庫前の駐機場は舗装してあるが、飛行場は草地だ。地面に凹凸が生じやすく、

温春飛行場で発動中の、オレンジ色に濃緑迷彩ずみの４号機「しんてん」。後方席で蒲原亀一候補生が離陸前の試運転にあたる。左翼の張線に付けた赤い吹き流しが単独飛行の目印。

初心者の着陸にとってはマイナス条件になる。

早速大尉が率いる二十三中隊第二教育班の梶准尉には、「ユングマン」の主脚の弱さがいつも気がかりだった。バウンドが折損につながる恐れがあり、降着時に左右の車輪を同時に接地させるように候補生を指導した。

担当した五名のうち、准尉を驚かしたのが上原尚作候補生だ。上原候補生は日露戦争の第四軍参謀長・上原勇作少将の孫だと、他の候補生から知らされた。本人にたずねると、初めて肯定する。元帥に昇進し、陸相まで務めた著名な人物の孫であっても、手ごころは加えない旨を伝えると、「はい」と返事があった。以後の教育のあいだに彼の能力と人格の高さが分かった梶准尉は、あらためて感じ入った。

インストラクターはそれぞれが自分なりの教育法を編み出す。関根少尉の場合、危なっかしい飛行状況でも候補生にぎりぎりまで任せる方針をとった。依頼心があっては上達しないからだ。また、爆音に包まれて気持ちを高ぶらせている者を動揺させないよう、伝声管で伝えるかわりに、首の振り方で後方席に出来、不出来を知らせた。

関根さんにとっても、現在まで強く印象に残っている教育場面がある。それは本林《もとばやし》信行候補生の単独飛行だ。どんな操縦者でも、初めて一人だけで飛んだ感激は生涯忘れない。

二十歳の本林候補生がつづったB5サイズの操縦日誌は、ていねいな整った文字の気迫ある文章と、達者な図で埋められている。この日誌によれば、教官同乗の場周離着陸（飛行場上空の飛行）を八日間、三四回すませた五月二十九日、単独飛行を実施した。

四組では彼の操縦が抜きん出てうまい、と判断していた関根少尉は、この日の午後、三回目の飛行がきわだって見事なので、そのままいきなり単独に出した。そのときの気持ちを本林候補生は「教官殿ノ単独命令ハ余リ電撃的デアリ、一切ノ不安モ喜悦モ浮ブ間スラ無カッタ」と記している。

第一教育班で最初のこの単独離陸を、宮本区隊長が「申し分ない。満点」とほめた。関根教官も同感だった。第一～第四旋回も無事に終えたが、ファイナルの降下速度がやや速い。このためスロットルレバーを過早に強く絞ったらしく（地上の観察）、高度が早く下がりすぎたが、なんとか接地。りっぱな着陸をこころがけた本林候補生だが、デコボコの地表に片車輪をとられ、右へ引っかけられて機はぐるりと回った。

彼の単独飛行を見た二組の助教・西村軍曹も、受け持ちの村上正介候補生を単独に送り出した。単独実施までの本林候補生の飛行時間が六時間三一分なのに対し、村上候補生は六時間二九分。単独移行の最短時間記録は、わずか二分差で二組が獲得した。

第一教育班における単独までの平均飛行時間は九時間三〇分。各種要因の差はあるけれども、九五練のころの平均値より五～六時間早い。やはり「ユングマン」は操縦しやすく、費用対効果の面では優れた練習機に違いない。

温春飛行場の北西、牡丹江と両岸の集落を眼下に、撮影機と編隊飛行中の第一教育班6組の「ぶこく」。老黒山が画面上、機のすぐ下に位置する。安定した飛行ぶりだ。

初単独を終えたのち、単独と同乗をくり返しながら場周離着陸を卒業すると、より諸条件をきびしくした制限地離着陸に進む。続いて、蛇行、8の字に始まる特殊飛行。垂直旋回、螺旋《らせん》降下、きりもみ、宙返り、急反転、上昇反転まで会得するが、九五練時代の緩横転、緩反転、垂直横すべり、宙返り急反転など、高難度な課目は省略して、「ユングマン」による最終教程の編隊飛行へと移っていく。

訓練内容の高度化は危険の増大につながる。機材の破損、人員の負傷はちょくちょくあったが、さすがに殉職事故は少なく、満州派遣隊全体で四件、九名にとどまっている。そのうちの一件、二名が温春での事故だった。

候補生を教えるのは各組の固有の教官だけではない。ときには区隊長が同乗して上達のようすを見るし、予備の教官・助教が代わることもある。六月十五日の十組・福島宏候補生の場合は後者で、たまたま予備教官の徳田豊彦少尉が乗って離陸した。

高度三〇メートルほどでエンジン不調におちいった。こんなときの鉄則は「離陸の事故はまっすぐに」だ。薄い揚力を保ったまま直線で滑空降下すれば、助かる可能性が少なくないが、不安心理に捕らわれ飛行場へのUターンを図ると、失速し墜落してしまう。

右旋回のまずい機動をとらされた「ユングマン」は姿勢をくずし、七〇〜七五度の急角度で飛行場端に突入、炎上した。このとき上空にあった八組の稲垣候補生の後方席には、区隊長・宮本大尉が同乗しており、「下を見ろ。すぐに降りるぞ」と伝えられた。立ちのぼる黒煙が見える。

落ちた機の二人とも即死だった。本来なら空中指導するはずだった十組教官の岩本章少尉は、悔やんで泣きに泣いたという。事故調査により、燃料ポンプの軸が古傷のために折れたのがエンジン故障の原因と判明。整備の日々《にちにち》点検では見ない部分で、製造過程に問題があったと言える。

一方、東京城の二十三中隊分遣隊では、野澤大尉の区隊を第三教育班、生田大尉の区隊を第四教育班と称した。野澤氏が「区隊長として特に困ったことはありません」と語るように、大事故は起きず、訓練は順調に進んだ。

整備のあれこれ

「整備は軍属と特別幹部候補生（速成の下士官をめざす）が行ないました。合計で二〇〇名近い」。二十三中隊の整備隊をリードした吉川さん（六月に中尉に進級）は、部下の内容をこう語る。正確には特幹のほうが一一一名と多く、一期の兵長と二期の上等兵がいた。

尾部を上げて動力関係の補修を受ける９号機「げんぶ」と、特別幹部候補生出身の整備兵。滑油冷却器や座席側方の脱出用扉（開状態）の形状を見てとれる。

実用単発機の機付《きづき》（その機を担当する整備兵）が三〜四名なのに比べ、小型で簡素な「ユングマン」は二人で一機を担当した。

二十三中隊のもう一人の整備幹部、内田元五少尉は、操縦と整備の二役という珍しい存在だ。現役入隊で航空兵（整備）として勤務し、特操二期を望んで合格。特操三期の中練の教官を務めたのち、航士校に転属してきた。

温春の二個区隊を吉川中尉一人でまとめ

るのは大変で、次席の責任者が必要だ。九七式軽爆撃機の整備経験もある内田少尉が、佐藤中隊長に申し出て、中尉は宮本区隊の、少尉が早速《はやみ》区隊の整備を指揮することになった。宮本大尉は六月下旬に転出し、野口暲《あきら》大尉が後任区隊長に任じられる。

早速区隊すなわち第二教育班の使用機は一二機で、ほかに予備が三機、と内田氏は記憶する。整備の実務も好きなので、兵舎に寝泊まりして夜間作業を指導し、努力が実って、つねに一二機を訓練に用意できた。驚くのは、ひと組の操縦教官を兼務していたことだ。少尉の若さと熱意が激務を可能にしたのだろう。

本林候補生の操縦日誌は、「ユングマン」の故障、不調状況を知る得がたい手がかりにもなる。彼の四組の「しんてん」はもとより、第一教育班の機材の不具合が付記されているからだ。五月の分を列記してみよう（ナンバーがない機は「しんてん」を示す）。

十八日：右点火栓不良。二十二日：油圧不足。五号機、走行中にプロペラ停止。二十三日：第二教育班機プロペラ脱落。二十四日：後方席風防ボルト脱落。一号機、主脚支柱取り付けボルト脱落。二十六日：七号機、離陸直後に故障で不時着。二十七日：尾輪連動機能不良。数機が弁バネ折損。二十九日：二号機、アルコール燃料使用中に故障で不時着。

毎日のように何かが生じている。内田さんはこれを否定しない。「複雑な機構はありませんが、確かに故障が多かった。日国で転換生産したエンジンは材質がひどく、飛行中にピストンが下に突き抜けた、との連絡が他中隊から入りました」。

主脚柱も材質不良が影響して、車輪軸の二〇〜三〇センチ上の部分が折れやすかった。そこでこの部分を補強したところ、こんどは付け根に力がかかって折れてしまった。このあたり、梶准尉のクレームを裏付ける。製造レベル、完品度（完成度か？）が高いとは言いがたい機材だった。

本林日記には二十九日に続いて、六月一日にもアルコール燃料について「使用ニ当リ、特性ヲ知悉《ちしつ》スルト共ニ発動機ノ調子ニハ万全ヲ期スベシ」とある。渡満後、当初は七七オクタンの航空ガソリンを用いたが、無水の一号アルコール八〇パーセントを加えた混合燃料に切り換えていった。

ハ四七のような低馬力エンジンは、気化器のノズルを大きくする程度でアルコールを使用できる。冬なら始動が困難になるが、晩春から夏までの訓練なのでさほどの問題は生じなかった。スロットル全開だとエンジンが息をついて出力が上がらないため、離陸時はレバーを、全開位置の少し手前で止める指導がなされた。

温春の燃料貯蔵量は五月十五日の時点で、八七オクタン・ガソリン一四〇〇キロリットル、同六一オクタン一万キロリットル、両者の混合二五〇〇キロリットル、一号アルコール四万キロリットルという。とりあえずは困らない量だろう。

訓練が進むうちに、オレンジ一色の機体全体を、濃緑色で迷彩する方策が、中隊命令として出された。雲行き芳《かんば》しからざるソ連と国境を接しているのにハデな色調では、といったあたりが理由のようだ。候補生たちが実作業の担当を命じられ、自分たちの組の機を自由に塗ったから、統一性はまったくなかった。

訓練、未完

二十三中隊の候補生二一七名の約二〇パーセントが、操縦から偵察（同乗）および通信への転科を発令されたのは六月二十一日。ショックを隠しきれない彼らは、七月に入って海浪に新編の二十八中隊へ移動する。

ひと組におおよそ一人の淘汰《とうた》（不適性による転科）で、五個中隊とも同率だから全体で二〇〇名におよぶ。異常に高い淘汰率と言えるだろう。

「淘汰された者が、画然と操縦不適格なのではない。田村安男候補生の素質には優れた面がありました。もっと早く単独飛行に出してしまえばよかった」。関根氏はこの点に悔いを残す。

だが二割淘汰の裏には、別の理由があった。進度の遅いものを育てるだけの時間的余裕がなかったのだ。六月中旬に各中隊を訪れた徳川校長が「特攻の力をもって戦勢を挽回することは、国家の要求である。精鋭なる特攻として一日も早く戦力となれ」と述べたとおり、すみやかに特攻機操縦者に連なることを期待されていた。

沖縄の次に来るのは、間違いなく本土決戦。満州での教育を九月に終えたのち、錬成飛行隊などで速成の実用機操縦訓練を実施して振武隊（特攻隊）に配属し、待機させるのが軍の方針だった。練習機で突っこむのなら、もっと早く作戦に投入できる。

十九〜二十歳の若者たちは、必死攻撃にどんな観念を抱いたのか。杏樹の二十二中隊にいた高野さんの手記は、その一典型として引用する価値がある。

上：２号機「ふがく」と青木五男候補生が、温春飛行場の出発線で単独飛行へ発進の合図を待つ。下：手前の出発係の手旗が白旗に変わると、重爆分科の速成班が乗る一式双発高等練習機の発進が始まる。敗戦が近い７月下旬の温春飛行場で。

「九月末の任官後は、本土上陸時の敵艦隊に対し刺し違えの特攻をかけ、護国の鬼となることを信じて疑わなかった。死について話し聞かされ、修武台入校以来、自分なりに考え方を確立していたので、いまの人が考えるほど恐怖はなかった。遠からぬ特攻出撃に直面して、二十歳での死にあらためて一週間ほど悩んだが、『自分の死が祖国を救い、悠久の大義に生きられるのだ』と納得して飛行訓練に励んだ」

七月九日になって各中隊の候補生たちは、技量の状態によって速成班と一般班に分けられた。二十三中隊の速成班の場合、重爆分科の温春では一式双練へ、戦闘分科の東京城では九九高練へ、それぞれ「ユングマン」からの乗り換えが急がれた。一般班も「ユングマン」の課目消化に拍車がかかった。

東京城の区隊長／教育班長だった野澤さんは「どんどん高練に移しました」と語る。野澤区隊の先任教官で特定の組を持たず、教官たちに指南した多胡さんの「高練もアルコールで飛ばしました。潤滑油が不足して、抜いた廃油をまた使ったのです」との回想が、物資不足を伝える。九月のうちに高練を終える予定が立てられていた。

速成班に入った本林候補生らは、七名でひと組を作り、双練の教育を七月三十一日の地上試運転、地上滑走から受け始めた。だが、八月八日の場周離着陸を最後に、彼の操縦日誌の記述はとだえる。

あまい予測を裏切って

ドイツの降伏から二ヵ月たらずの昭和二十年六月末〜七月初めのころ、満州が担当区域の第二航空軍司令部では、ソ連軍の対日戦参戦を「最も早くて秋」と予測した。日ソ中立条約は不延長通告（四月五日）から一年間有効、との規約があったためで、参謀ら司令部職員の本音は「おそらく来春」といったあたりだった。

だが、ちょうど四年前の独ソ戦勃発《ぼっぱつ》時、二航軍の上部組織で在満州兵力の総元締めである関東軍司令部には、締結したばかりの日ソ中立条約を破って対ソ進攻を望む声が高まった。弱肉強食の世界情勢のもとでは、自国の利益が国際信義に優先するのが、むしろ当然なのだ。したがって、ソ連軍が規約を遵守《じゅんしゅ》すると見なす、このたびの二航軍司令部の判断は、あからさまに甘かった。というより、甘い希望的観測を抱かざるを得ない事情が二航軍にあった、と記すべきだろう。

それは戦力の乏しさだ。面積が日本内地の三倍の広大な満州に、ちゃんとした攻撃用航空兵力は、四式戦闘機「疾風」と一式戦闘機「隼」を装備する飛行第百四戦隊、二式複座戦闘機「屠龍」を装備する独立飛行第二十五中隊の、わずか二個部隊。合わせて四〇～五〇機の可動機では、小規模なゲリラ的邀撃戦しかできない。あとは訓練部隊に一式戦および爆撃機、それに満州国軍の一式戦がそれぞれ少数だけ。

こんな惨《みじ》めなありさまに落ちぶれたのは、火急のフィリピンや本土へ戦力を抜かれ続けたからだ。

ソ連領内の兵員、兵器の移動状況をふくむ情勢の変化から、大本営陸軍部は七月末、ソ連軍の対日参戦は九月の可能性大と読んだ。だが、本土決戦準備におおわらわで、しかも時間も戦力も足りない状況下では、満州にふり向け得るなにものも持たなかった。

ソ連が武力発動にかかる可能性が高まれば、より安全な満州中南部へすみやかに移す――との前提のもと、航士校満州派遣隊を危険度の高い東端部と西部に置いた。この前提は忘れられはしなかったが、ようやく隷下部隊の応戦用の移動に本腰を入れ始めた二航軍が、それを実行しないうちに、恐れていた事態へと急変する。

「東寧《とうねい》、綏芬河《すいふんが》（ともに東部国境の町）正面の敵は攻撃前進を開始せり」「牡丹江《ぼたんこう》（満州東部の町）市街は敵の空襲を受けつつあり」

首都・新京の関東軍司令部に、ソ連軍の侵攻を伝える電話が入ったのは、八月九日の午前一時ごろ。三〇分後には新京上空にソ連機が来襲した。ソ連はこの日の午前零時に対日宣戦布告を行なっていた。

前日の午後十一時にモスクワでソ連外相が、駐ソ日本大使館に対日参戦の宣言を手わたしたが、大使が東京へ発信したこの件に関する公電は、届きはしなかった。日本政府がソ連の対日戦開始を知ったのは九日の黎明《れいめい》時だから、最初に来攻を理解した大規模組織が関東軍司令部だったと言える。同司令部は実情を、大本営へ通報した。

情報は当然、同じ新京にある二航軍司令部にも伝えられ、深夜の非常呼集の電話に起こされた参謀たちが、その作戦室に駆けこんできた。関東軍司令部の指示を受けて、まず独立飛行八十一中隊の百式司偵を夜明けとともに放ち、国境線を偵察させる方針だ。

もはや国境に近い各部隊（地上、航空とも）を、移動・後退させ布陣を整えなおすひまはない。現在位置で戦うよう、関東軍司令部から命令が出た。航士校満州派遣隊に対してだけが例外で、「いったん後退させ、その後に特攻攻撃に加わらせる」方針が同司令部で立てられた。

それまで航士校満州派遣隊の指揮権は東京の航空総監部が持っていたが、派遣隊はこの日のうちに二航軍司令部の指揮下に編入された。

いきなり実戦態勢に直面

八月九日、ソ連軍侵攻の報を航士校満州派遣隊二十三中隊で最初に知ったのは、温春飛行場から四キロほど離れた官舎で午前二時に、満州派遣隊情報隊長の伝令により連絡を受けて起きた、中隊長・佐藤少佐だったようだ。

この日は二航軍司令官の巡視が予定されていたため、それに関連した演習だろうと判断して、中隊長はまた眠りについた。少佐が鈍感なのではない。実戦配備には無縁の組織（航士校は軍隊ではなく、官衙《かんが》すなわち官庁の一種）で、そのうえ表面的にはごく平穏な仮住まいの地に、操縦教育だけを目的に来ているのだから、対ソ警戒心を鋭敏にたもてと言う方が無理だ。

温春の教官だった関根さんは「候補生の訓練に専念していたのと、われわれ特操出身者が軍事学の教育をほとんど受けていないからか、ソ連については全然意識していませんでした」と語る。

けれども、正規の将校教育を受けた野澤さんの回想も「ソ連に対する警戒心はさほど持たなかった。侵攻に関心のない立場でしたから」と、関根さんとの差があまりない。太平洋戦争の序盤戦まで四年近くを重爆の実戦部隊ですごし、いくたびもの爆撃に従事した梶さん。「苦しい戦局から、いつかは国境線を破られるだろうと漠然と覚悟をしていた程度なので、現実にその日が来たことにただ驚くばかりでした」。

軍歴が長く、歩兵時代に大陸での地上戦の経験が豊富な、先任教官だった多胡さんも同様だ。「関東軍の戦力が南へ抜かれたのは知っていましたが、ソ連とは不可侵条約があるし、任務が違うから深く考えてはいなかった。六月ごろ、重砲が敦化《とんか》（東京城から南西へ一三〇キロ）へ移動していくのを見ても、理由が分からなかったのです」。重砲の敦化移動は、南満州の防備が目的だった。

このように、中隊の主要メンバーにとって、ソ連の脅威は念頭になかった。そしてそれは当然のことであったのだ。

ラジオニュースで侵攻を知った週番士官の副官・渡辺政夫中尉が、電話で佐藤中隊長をふたたび起こしたのが午前五時ごろ。渡辺中尉は続いて東京城へも電話で事態を伝えたため、分遣隊トップの大坂少佐（六月に進級）が急いで温春までやってきた。早朝の非常呼集によ

東京城飛行場で四式練がならんで準備線を成している。候補生はもとより、教官、助教にとってもソ連軍の国境突破はまだまったく意中になかった。

って、官舎の将校たちも差しまわしのトラックで中隊本部へ向かう。もちろん訓練は中止だ。東京城では地上戦用の塹壕《ざんごう》を掘り始めた。

温春から北北東へ一九〇キロ、杏樹の二十二中隊の非常呼集はもう少し早かったようで、候補生だった高野さんは午前三時ごろと覚えている。ついで当番制の取締り生徒から、ソ連の国境突破と飛行機待避命令が伝えられた。

二十二中隊では同じような非常呼集の訓練が先ごろ行なわれていたため、候補生たちは今回も同様の訓練と考えて、「ユングマン」と九九高練を退避壕に運びこんだ。しだいに明るさを増すくもり空のもと、壕の上に立った高野候補生が、双眼鏡で周囲を見まわす。戦闘を感じさせるような変化は、空にも地表にも見当たらなかった。

午前五時半ごろか、ソ連空軍の液冷戦闘機（Ｙａｋ《ヤク》－３またはＹａｋ－９？）三機が杏樹上空に現われ、機銃掃射を数回くり返したのち去っていった。対ソ戦が勃発したのはもはや明白だ。グライダーを滑走路にならべて囮《おとり》にする作業が、まもなく始まった。

特攻準備を下命

二航軍司令部から航士校満州派遣隊本部に与えられた命令は、飛行場移動（後退）と特攻隊四〇個隊の編成だった。命令受領におもむいた生徒隊付の本郷康臣少佐によれば、下命は八月九日の午前六時とされるが、昼ごろだったとの回想もある。

飛行場移動は次のように指定された。

二十一中隊――鎮東、鎮西↓山城鎮
二十二中隊――杏樹↓朝陽鎮（予備：泉溝）
二十三中隊――温春、東京城↓水豊
二十四中隊――平安鎮↓深井子《しんせいし》
二十五中隊――海浪、海林↓通化
派遣隊本部、材料廠、二十八中隊（偵察、通信）――海浪↓通化

新飛行場はいずれも四〇〇～五〇〇キロかなた、朝鮮国境に近い南満地区にあり、水豊だけは国境に接した朝鮮の町だった。

派遣隊本部では二航軍の命令を基盤にして、各中隊に下命する。移動は翌十日以降とし、空輸に重点を置く。双練と高練は可動全機を、「ユングマン」も

できるだけ多数機を、それぞれ空輸する。候補生に操縦させてもいい。搭乗できなかった者はトラック、燃料車など自動車をはじめ、あらゆる輸送手段を用いる。必須の書類、物資のほかは処分する。食料は一〇日分——といった内容だ。

転進地の指定をふくむこうした命令が、各中隊にちゃんと伝えられたのは、十日に入ってからと思われる。

特攻四〇個隊の編成は、二航軍の少ない戦力を補うためだ。特攻機操縦者の内容に言及した資料はないけれども、教官、助教のなかから選ぶつもりだったと推定できる。「ユングマン」の機動がひととおりできる程度の候補生の技量では、抵抗しつつ動くソ連機甲部隊の戦車に、爆装の重い機をぶつけるのは無理な相談だからだ。無論、戦いが長引けば、操縦者を選ぶまいが。

航空本部は九九高練を特攻機に用いる場合、五〇〇キロまでの爆装が可能と、お手盛り表示していた。そして、実用機から見ればオモチャのような「ユングマン」にも、特攻攻撃用に一〇〇キロ爆弾の搭載が定めてあった。高練の特攻機はすでに沖縄戦で突入していたが、「ユングマン」については航士校満州派遣隊が最初の特攻使用組織になる可能性があった。

温春の二十三中隊本隊では九日、敵襲に備えて人員をコンクリート製の掩体《えんたい》に移した。掩体は一〇ヵ所ほどあって、上部に盛り土を施してあるので、敵機に見つかりにくい。空輸に威力を発揮するトラの子の一式双練と、次に大切な九九高練は掩体に入れ（一ヵ所につき高練が六機ほど入る)、「ユングマン」は三〜四棟の格納庫に収容した。

敵戦車が迫る

各中隊の空輸作業は十二日に始まった。合計八ヵ所の飛行場のうち、最も有利なのが二十三中隊本隊の温春だった。航士校満州派遣隊で唯一の重爆分科教育を担当していたため、一〇機以上の一式双練を保有していたからだ。

温春から水豊までは五五〇キロもあるため、南西約一四〇キロの敦化を中継地に決める。候補生の無事な内地帰還を第一に考える中隊長・佐藤少佐の方針のもと、准尉や曹長のベテラン・インストラクターが操縦する双練に、近距離ゆえに定員の二倍の十数名を乗せて、敦化へ向かわせた。

候補生を一度に運びきれるだけの数の双練可動機はないので、「搭乗の順番をジャンケンで決めました」と本林さんは追憶する。最初の一機に乗ることになり、中隊長から「まっさきに豊岡(現在の埼玉県入間基地。航士校の所在地)に向けて帰れ」と言われた本林候補生は、敦化へ飛ぶ機上から、東満を蹂躍《じゅうりん》するソ連戦車群を見た。

双練と高練を使って候補生たちを運ぶかたわらで、関根少尉ら学鷲出身の教官たちは地上勤務者を手伝って、地下壕に保管の燃料、弾薬、衣服などの多量の物資の爆破作業に従事する。三日間これを続けたのちの十三日の朝、一〇キロ北の牡丹江からガラガラと敵戦車の音が聞こえてきた。もう躊躇《ちゅうちょ》してはいられない。中隊長から「全機出発」の命令が出た。

残っているのは双練一機と高練五機。高練の後方席には機付整備の軍属を乗せ、濃い霧がかかって視界不良の温春を離陸する。まず敦化のすぐ南東にある沙河沿《さがえん》の飛行場へ。ここで一泊して、水豊への第二中継地の通化（派遣隊本部の人員が汽車で先着していた）へ飛んだ。

特別幹部候補生と軍属からなる整備関係者が主体の約三〇名は、佐藤中隊長たちの温春離陸と前後して、副官・渡辺中尉の指揮のもと、自動車隊を組んで出発した。敵の進撃をいくらかでも阻むため、牡丹江にかかる寧安橋《ねいあんきょう》を爆破する手はずだったが、果たせないまま、分遣隊と合流すべく東京城へ向かった。

このほかに地上勤務者の主力が、十日の夜に汽車に乗り、牡丹江、ハルピン経由で朝鮮国境へと南下しつつあった。

一方、東京城の二十三中隊分遣隊は双練が一～二機しかなく、高練一六機が空輸の主力になった。本隊とは異なって、中継飛行場は敦化の二倍も遠い吉林。本隊に先だって、十一日の早朝にスタートした。

高練の後方席に、一人は座らせ、もう一人をその前に立たせて、一回に二名ずつの候補生を運ぶ。ピストン輸送でこなすつもりだったが、直線距離をただ飛ぶだけでも巡航で片道一時間かかるうえに、二～三機が事故、不時着で壊れたため、このままでは一日で終わらないとの判断のもと、二回目は吉林が敦化に変更された。この連絡を受けて、二十三中隊本隊も敦化にしたもののようだ。

事故機は永井省吾少尉が操縦し、衣笠隆雄、豊田信哉両候補生が同乗していた。吉林の手前の老爺嶺《ろうやれい》（山岳地帯）にぶつかって、三名とも殉職した。

敦化は作戦機などで込み合っていたため、三回目の空輸は沙河沿に実施した。ともかくこれで候補生を運び終え、引き続いて翌十二日も、高練による東京城から沙河沿への人員輸送が進められた。

敗戦の日

八月十二日の空輸後、二十三中隊の区隊長・野澤大尉は東京城から双練一機と高練七機ほどを指揮して、中継地・奉天まで後退する。奉天飛行場には、胴体下に付加工作を施した高練が一機あった。航士校の装備機として持っていってほしい、と言われた大尉が「これ、なんだ?」と付加部分を尋ねると、「実はここに爆弾を付けるんです」。奉天の航空廠で改修されたこの高練が、航士校用の特攻機だった。

特攻四〇個隊編成を聞かされていない大尉は訝《いぶか》ったが、十四日、この機の後方席に整備トップの吉川中尉を乗せて、単機で国境に接した朝鮮・新義州に到着した。ここは水豊へ向かう線路の分岐点なので、温春からの列車を待ち受けるのに都合がいい。

温春では燃料、弾薬、軍需物資などの爆破が終わっていた十三日の早朝、こんどは東京城で格納庫、兵舎などの施設、物資に火が放たれた。後便を待つ少数の中隊員と故障修理中のトラックの乗員たちが、空を染める煙をながめている。

沙河沿から東京城まで高練で私物を取りにきた多胡中尉は、再びここにもどる機会はあるまいと思い、この小型機で最大限の人数を運ぶことにした。整備の特幹と雇員を、後方席に

8月13日の朝、火を放たれた東京城飛行場の施設群から煙がわき上がる。満州帝国の崩壊が目前に迫っていた。

二名のほか、後部胴体内にも二名を押しこんで、自分をふくめ合計五名。それぞれ一〇キロ前後の荷物があるから、重量的には六人乗りに等しく、まったくの過荷重状態だ。そのうえ、後部胴体の中の二人によって重量のバランスがひどく損なわれる。

二〇〇〇メートルの滑走路を使いきり、無理に引き上げて、飛行場端における高練の高度はようやく一〇メートル。異常なテイルヘビーで機首が浮きがちになり、しかも不安定なので、両手で操縦桿を抑えていないと制御しきれない。中尉は重心を少しでも前寄りにしようと、後方席で立つ特幹に「俺につかまっていろ」と命じた。

ブースト圧プラス三〇ミリの巡航状態では、重心

4名を詰めこみ同乗させて東京城を脱出し、8月14日に沙河沿で九九高練(遠方)の整備完了を待つ多胡二郎中尉。翌15日に奉天(いまの瀋陽)へ飛んで敗戦を知る。

の後退と機の重さで水平飛行を維持できないため、離陸から沙河沿に降りるまでの三〇分間をブースト一杯、スロットル全開のまま飛び、プラス三〇ミリの推力着陸でバウンドひとつなく滑走、停止した。まさしくベテランの妙技と言っていい。

沙河沿には東京城から空輸された人員のほかに、既述のように温春の佐藤中隊長指揮の集団も移動してきて、二十三中隊の過半が顔をそろえた。ここから飛行機と列車で、国境に近い朝鮮の水豊へ向かうのだ。

列車が新京~奉天~安東~新義州~水豊と西寄りの迂回《うかい》コースをとるのに対し、飛行機は当然、通化経由の最短コースだ。十四日、沙河沿を離陸し、通化に降着。翌十五日は正午に天皇の重大放送があるというので、佐藤中隊長以下は整列して耳をすましたが、ちゃんと音が入らず意味不明だった。

双練に候補生を乗せ、温春~敦化の一四〇キロをピストン空輸した梶准尉は、十五日、中隊付先任将校・大坂少佐らとともに要務で奉天飛行場へ飛んだ。奉天着陸は午後三時ごろ。双練を滑走路から誘導路に走行させる。

いつもならすぐに整備兵が駆け寄ってくるのだが、一人も現われない。奇妙に思いつつ機から降り、飛行場大隊の隊員を見つけて「燃料を入れてくれ。どうしたんだ」と問う准尉に、「戦争は終わりました」と思わぬ返事があった。

「なにっ、戦争が終わった⁉　負けたのか」

「そのとおりです。さきほど天皇陛下の放送がありました」

にわかには信じられない梶准尉は、敗戦の言葉に憤りを覚えた。大坂少佐も「信じられない」と言いながら、詳細を知るため本部のある建物へ向けて歩き出した。

新義州の旅館で汽車が入るのを待っていた野澤大尉は、詔勅の放送を聴いた。雑音まじりだが「どうも戦争が終わったらしい」と分かった。

この夜、新京の二航軍司令部の幕僚会議で、航士校満州派遣隊の帰国がいちばんに決定された。

十六日、「あらゆる手段をつくして内地に帰還せよ」の二航軍命令が野澤大尉に伝えられた。もう水豊に集結する必要はない。おりから、満州からの汽車が入る知らせがあって、駅へ出向くと、温春および東京城から乗った地上勤務者と、敦化から乗った候補生たちの双方が乗り合わせる貨物列車だった。

このあと、佐藤中隊長らの空路グループが新義州に到着。広い飛行場も、満州各地から脱出してきたさまざまな飛行機で埋まっており、高練を置くスペースすら容易に見つからず、関根少尉を嘆かせたほどだった。もちろん彼らは列車グループと合流した。

内地につながる朝鮮の港は釜山だ。朝鮮生まれの運転手が途中で逃げないように見張りをつけて、京城《けいじょう》（現ソウル）経由で列車を南下させる。途中で、取り残されていた民間人の乗る貨車十数輌を接続させた、長い列車は大事なく釜山に到着した。

シベリア抑留

最初に双練で温春を発《た》った本林候補生ら十数名が、独自のルートで釜山に達し、最後の関釜連絡船に間に合って、帰国の一番手になったのをふくめ、二十三中隊関係者の多くは航士校にもどることができた。

同中隊で不運だったのは、移動が確実とみなされていた自動車隊のグループだ。ぬかるみに難渋してソ連軍に追いつかれ、六七名（厚生省調査による）が抑留の運命をたどった。

彼らは、海浪、海林からの満州派遣隊本部、材料廠、二十五および二十八中隊のそれぞれの自動車隊と合流して走っていた。したがって、これらの各隊でも合計一〇九名（同じ調査）が抑留された。

四一四名（同）という最多の抑留者を出したのは杏樹の二十二中隊。十日の午後、候補生と機付一名ずつを同乗させた高練と、二人乗りの「ユングマン」がハルピンへ向かい、夜に鉄道利用の先発隊が出発した。これらの人々には帰国の道が開かれていた。

二十二中隊で最も人数が多い、鉄道による後発隊が、残務整理をすませて列車に乗ったのは十一日の午後。佳木斯《ヂャムス》～ハルピン経由だが、列車はなぜかなかなか出発しようとせず、夕方遅くにようやく動き出し、その後も逆行や長時間の停車をくり返した。このためハルピン着は詔勅放送の十五日昼にずれこんだ。

やっと十九日の午後、二十三中隊が離れて六日たった敦化の駅に入った。対進してくる列車を見た高野候補生たちは驚愕《きょうがく》した。機関車の前に付けた無蓋《むがい》貨車に、防備用の戦車と、短機関銃を持つソ連兵が乗っている。敵愾心《てきがいしん》がわき上がったが、歩兵銃と軍刀だけでは抵抗できようはずはなかった。

敦化はすでにソ連軍の占領下にあり、武装解除を命じられた。九月初めには沙河沿に移動し、十月に入って牡丹江までの二五〇キロ行軍を強制される。こうした間にソ連兵のあからさまな暴力、略奪、民間人への暴行などを体験し、目撃して、極度の憤怒と屈辱、断腸の思いを味わった彼らに、シベリア・タイシェトでの四年におよぶ、過酷きわまる鉄道敷設の強制労働が待ち受けていた。

最後に、敗戦前後の「ユングマン」の状況を述べておこう。

小型・軽量な機なので、攻撃にも輸送にも使いにくいが、持っていたほうがいい——航士校満州派遣隊本部はこのような観念から、できるだけ空輸し、保有せよとの命令を、八月九日のうちに各中隊に出した。

しかし、双練を持っていて、他中隊よりも空輸力に恵まれた二十三中隊にとっては、緊急移動時にはむしろ足手まとい的な機材と見なされ、放置されたらしい。野澤さんは「『ユングマン』も空輸する予定だったが、そのままにしておきました。あとで燃やしたのでしょうか」と答える。

二十二中隊と二十四中隊は一部を空輸に用いたことが判明している。だが、後者は結局は大半（全機?）を焼却し、二十一中隊も同様の措置をとった。西満に位置する二十一、二十四両中隊にとって、航続力の小さな「ユングマン」は使いようがなく、見限るしかなかったとも思える。

二十三中隊本隊で、操縦教官と整備将校の二足のワラジをはいた内田少尉は、温春放棄のさいに始動車で女子挺身隊（中隊本部で事務を担当）を迎えに出たが、彼女らは汽車でハルピンへ発《た》っていたため、未遂に終わった。中隊長副官・渡辺中尉の自動車隊と合流ののち、沙河沿でソ連軍のトラックが来て武装解除を受けた。けれども、運よく抑留はされず、敦化にとどまり、やがて中共空軍創設期の教官を務める。

一九四六年（昭和二十一年）三月にソ連軍は引き揚げて、七月に海浪で八路軍の操縦訓練が始まったとき、使える機材は旧陸軍機ばかり。九九高練にまじって、一年近くの野ざらしで状態のよくない「ユングマン」が四機あった。内田氏にとってなつかしい飛行機で、可動の三機を初歩教育に使ったが、事故と構造の劣化により失われた。

この機数の少なさからも、派遣隊の「ユングマン」の大半が飛行場移動時に焼却された、と推定しうるのではないだろうか。

原子爆弾への対応
——必墜をめざす戦闘機隊

中性子を照射したウラン235が核分裂反応を生じる現象が、一九三八年（昭和十三年）にドイツで発見された。ウランの核分裂反応で生じる巨大なエネルギーを、爆弾に用いる研究がドイツで始まり、日本でも開戦半年前の昭和十六年（一九四一年）の春に、例によって陸海軍が別々に開発着手に動いた。

一九三九年八月に核爆弾の可能性を知ったアメリカが、ウランのほかにプルトニウムの核分裂を加え、本腰を入れるのは一九四二年八月。壮大な規模の作業が始まり、マンハッタン計画の名のもとに十月から着実に進み出した。

ドイツも日本も、資材やウランの入手難と激しい空襲のために、開発作業の打ち切りに追いこまれたが、アメリカは一九四五年七月十六日、初の核実験に成功する。それから一ヵ月以内に二発の原子爆弾が実戦に用いられるのは、周知の事実だ。

空から落ちてくる凄《すさ》まじい破壊兵器。日本軍航空部隊の隊員たちはそれをいかにとらえ、どう立ち向かおうとしたのか。空中勤務者／搭乗員を主体に、個人的な思考と判断、行動を紹介したい。

日本での原子爆弾情報

陸軍の飛行機、装備機器材のテストと評価を担当する航空審査部・飛行実験部は、東京都下福生《ふっさ》にあった。飛行実験部で戦闘機関係をあつかう戦闘隊に所属する林武臣《たけおみ》准尉は、日華事変、ノモンハン事変の空戦を経験し、開戦後は南進作戦中に一式戦闘機「隼」でブリストル「ブレニム」やボーイングB－17を撃墜したベテランだった。

まだ空襲が始まるかなり前、キ四五改すなわち二式複座戦闘機に続いて、その発達型のキ九六の飛行性能をテストするかたわら、外部からもたらされる諸情報の管理を担当していた。届けられた情報のなかに「想像を絶する破壊力を持つ新型爆弾」があり、それを上官の坂井菴《いおり》少佐に伝えると「流言飛語を広めるなよ」とクギをさされた。

当時、理論として、あるいは未来兵器として「原子爆弾」（以下、原爆と表記）の名は民間でもごく少数例だが活字になっていた。ただし、一般の軍人が「高威力の爆弾」に結び付けるまでの知名度は存在せず、おぼろげにしろ理論の普遍性に至ってはさらになかった。

昭和19年秋、第一飛行師団司令部の百式一型輸送機を背にして。前列中央でしゃがむのが機長で正操縦者の山田盛一准尉。

それから一年ほどがすぎた、昭和十九年の秋の埼玉県所沢飛行場。北海道から北の北東方面が管区の、第一飛行師団・司令部飛行班に所属し、双発輸送機を飛ばす山田盛一准尉は、札幌の司令部から任務飛行でやってきた。本来は超ベテランの戦闘機操縦者だ。北千島で一二・七ミリ機関砲一門だけの一式戦闘機を駆って、コンソリデイテッドB－24重爆に致命傷を与えたこともあった。

ここで旧友の富岡直義少佐と再会した。かつての特例で軍曹から士官学校を受けて合格し、陸軍大学校も出て、いまは輸送部隊の参謀を務める。現在の階級には大差があっても、もとは意志を通わせた操縦学生の同期生だから、二人だけなら遠慮はいらない。

傾いた戦局を案じ「この先どうなるんだい？」とたずねる山田准尉に、富岡少佐は「いま、一発で敵艦隊をいちどに撃滅できる、爆弾を作っているんだ」と打ち明けた。陸軍航空本部が理化学研究所に依頼した、二号研究と呼ぶ原爆開発がこれだ。少佐は起死回生の策があると話し、准尉の不安を除こうとしたが、半年あまりのちに計画は破綻《はたん》を迎える。

広島に湧《わ》くきのこ雲

米重巡洋艦「インディアナポリス」がテニアン島に、ウラン235使用のガン・バレル（砲身）方式型原爆を運んできたのは一九四五年（昭和二十年）七月二十六日。「リトルボーイ」と呼ばれる重量四〇八〇キロの爆弾は、第509混成航空群のB－29に搭載され、八月六日の午前一時四十五分（以後もこの日本時間を記載する。マリアナ時間では午前二時四十五分）に第一目標の広島へ向けて離陸した。ほかにB－29二機が随伴し、天候偵察機が三機先発していた。

午前八時十五分十七秒に投下された原爆は、四三秒後に広島市中心部にある相生《あいおい》橋の上空で炸裂した。

川西航空機・姫路製作所で新造の「紫電改」を受領した、三四三航空隊・戦闘第四〇七飛行隊の本田稔《みのる》飛曹長は、南東方面の実戦で鍛え戦果をかさねた辣腕《らつわん》だ。六日の午前七時二十分に搭乗、離陸して大村基地へ向かった。

やがて広島上空に来たとき、地表からわき上がった、異様な形と奇妙な色の巨大な雲が目

上：8月6日、広島への原爆投下を終え、テニアン島に帰還した第509混成航空群のB－29「エノラゲイ」。重量の軽減と抵抗減少のため、尾部機銃以外の銃塔は除去されている。下：広島市街地を壊滅させた原子爆弾のきのこ雲。45000フィート（13700メートル）以上の高度に達した。

に入った。雲の上部の丸い部分は白く、その下は赤黒い。六〇〇〇メートル以上の高度から見る市街地は、いっさいの建造物がなくなっているように感じられ、「とんでもない爆弾が落ちたのだ」と直感した。

B－29の少数機が来襲（先発の天候偵察機か？）との報告で、山口県小月飛行場から飛行第四戦隊の二式複戦が離陸した。情報に従って、第三隊（第三攻撃隊）長の樫出《かしいで》勇大尉が指揮する四機は東へ向かい、やがて高高度にB－29の機影を認めた。呉付近の上空にいた樫出編隊が追撃にかかったとき、広島の上に閃光《せんこう》が走って、まもなく巨大な雲が立ち昇ってきた。B－29には追いつけず、四機は茸状《きのこ》の雲をひと巡りして帰途についた。

同戦隊・第二隊の藤本清太郎曹長らの二機は関門海峡の東方を警戒飛行中、好天気が一瞬陰《かげ》ったような「なにか変」な感じを受けた。はるか広島のあたりに、おかしな雲が見える。すぐに「全機リクせよ」の緊急着陸命令が入って、すぐ帰還にかかった。

鹿児島県の万世《ばんせい》飛行場から沖縄戦を戦った飛行第五十五戦隊は、七月下旬に根拠飛行場の愛知県小牧に帰還した。万世で残務整理にあたった遠田美穂《とみほ》少尉は八月初めに、戦隊が万世の前にいた福岡県芦屋へ三式戦で飛び、整備とテスト飛行に四〜五日を費やした。

八月六日の朝、芦屋飛行場から小牧へ向けて発進にうつるころ、空襲警報がかかった。敵は二～三機との情報だ。「これはB－29の偵察飛行だ。それなら出くわしても大丈夫」と判断して離陸し、やがて広島上空にさしかかる。

高度が一五〇〇メートルと低いから、市街の建物が消えて地面だけに様変わりした異様な地域が、遠田少尉にはっきりと見てとれる。隣接の丘陵に、赤い火の玉が残っているように感じられた。

この日、広島市の南西三〇キロあまりの岩国基地にいた、二〇三空・岩国派遣隊（特設飛行隊ではなく、航空隊に直属の錬成組織）に「B－29単機接近中」が伝えられた。水上戦闘機から転科の山田俊二中尉が、零戦で索敵したが見つからず、帰投して指揮所で救命胴衣《ライフジャケット》を外していたら、見張員の「B－29一機、広島に向かう」との報告が伝声管から響いた。すぐに山田中尉は「おい、つけておけよ」と望遠鏡で航跡を追わせる。

暑い好天の空に光がピカッと瞬

飛行第五十五戦隊の遠田美穂少尉は、原爆に破壊された直後の広島を上空から見た。撃墜破マークを描いた乗機の三式一型戦闘機丙型とともに。

時ひらめき、すぐ防空壕の砂が落ちるほどの震動が来た。広島方向に薄ピンクの膨《ふく》らみが見え、その下に雲があった。膨らみと雲は沸《わ》き返りながら上昇し、柄が長い茸の姿を形成した。被害状況の偵察が山田中尉に命じられ、ふたたび零戦を駆って広島上空へ。被爆中心地の周辺に煙が上がり、ところどころで火が出始めていた。旋回しつつ中尉は腿《もも》の上の地図に出火場所を記《しる》してから、七〇〇〜八〇〇メートルまで高度を下げていった。

被爆後の様相は

受領した新造の「紫電改」で大村基地に帰った本田飛曹長の説明を聞いても、それが原爆であることを三四三空・戦闘四〇七の誰も知らなかった。そのうちに「爆発の前に、白いものをかぶせれば被害を防ぎうる」という情報が入ってきた。

沖縄陥落後もしぶとく夜襲を続けていた芙蓉《ふよう》部隊。六日の未明に伊江島を攻撃した戦闘第八一二飛行隊の「彗星」は、不調なエンジンが止まりかかり、霧の岩川基地には降りられず、なんとか鹿屋基地にすべりこんだ。

実施部隊でのキャリアが二年をこえる「彗星」偵察員の津村国雄上飛曹が、防空壕に入って仮眠をとっていると、従兵が受信したての電報を持ってきた。広島に新型爆弾が落ちたという文面である。

鹿屋基地の第五航空艦隊司令部では、戦闘八一二の飛行隊長・徳倉《とくら》正志大尉と戦闘八〇四の分隊長・大野隆正大尉が、芙蓉部隊を代表して五航艦の作戦会議と図上演習に加わっていた。そこへ、顔をまっ黒に汚した参謀がやってきた。「広島の旅館で被爆し、気付いたら庭の池の中にとばされていた」と語る。徳倉、大野両大尉は参謀の話を聞いて、広島が壊滅状態と化した事実を知らされた。

芦屋から三式戦で広島を航過した五十五戦隊の遠田少尉は、燃料不足で加古川飛行場に降りた。ここで一泊するため旅館を訪れると、将校である彼を頼りたいような口ぶりで、従業員が話しかけてきた。「ピカドンで広島がやられてしまいました」。

原爆搭載機の邀撃《ようげき》に上がった四戦隊の戦隊本部を、百式司令部偵察機の後方席に座って広島の惨状を空から見た他部隊の偵察将校が訪れ、集まった空中勤務者たちに「こんどの爆弾は、いままでのものとまったく違う」と説明した。現状の苛烈《かれつ》さを伝える話しぶりに、二式複戦の後方席に同乗する機上無線係・高山友二伍長は、「いよいよそういう状況になってきたのか」と終焉《しゅうえん》を感じ、十八歳の戦死を覚悟した。

この高威力の爆弾を大本営は原爆と推測し、翌七日の午後に「広島がB-29少数機の攻撃を受け、新型爆弾が使われたようで、相当の被害を生じた」と発表した。新聞は八日、「残虐、非人道たる強烈な爆風と高熱の新型爆弾を、広島が受けた」むねを報道している。当然、被害状況と具体的な説明は伏せられた。

広島の新型爆弾被爆の状況は、満州の新聞でも七日に報道された。埼玉県坂戸飛行場から満州西部の温春飛行場に移ってきて、「ユングマン」と呼ばれる四式練習機により教育中の、航空士官学校・満州派遣隊の第二十三中隊(『ユングマン』の満州」参照)。教官を務める関根雅美少尉は、それを読んだ同僚から「新型爆弾が落ちたぞ」と聞かされた。

距離感もあって大きな話題までには至らないうちに、九日に入ってまもなくの真夜中、彼らにとって最大の事件が勃発《ぼっぱつ》する。ソ連軍の侵攻である。

琵琶湖南部の湖岸が基地の水上機部隊・大津空で、飛行長を務める桑嶌《くわしま》康少佐は、新型爆弾の情報を得るため、部隊が所属する大阪警備府へ七日または八日におもむいた。先任の佐官は知識があるのか聞き知ったのか、「原子爆弾じゃないか」と思い付きを述べる。この件で居合わせた京都大学理学部の教授が「アメリカでも作れるはずはないんですが」と答えた。八日に広島に入った調査団の報告を受けて、大本営が原爆と確定したのは十日である。

長崎の爆発をパイロットが見た

二発目の原爆はプルトニウム239を用いたインプロージョン（爆縮）方式型で、重量はおよそ四五〇〇キロ。太丸い形状から「ファットマン」と名付けられた。

八月九日、テニアン島から天候偵察のB－29一機が先発し、その後に発進したB－29三機のうち二機が、第一目標で視界不良の小倉市（現在の北九州市の一部）をへて、第二目標の長崎市に午前十一時二分ごろ（日本側の判断）侵入。曇天だったが、雲の切れ間から見えた市街へ原爆を投下し、急旋回をうって離脱していった。

B－29（天候偵察機らしい）の発見情報を受けて、警急姿勢（スクランブル態勢）にあった四戦隊の二式複戦が小月飛行場を出動した。そのうち第二隊（第二攻撃隊）の西尾半之進少尉と藤本曹長が操縦する二機は、最も西に寄った、長崎に近い空域を指定されていた。二人ともB－29複数機の撃墜記録者で、充分な技量と人格の持ち主だった。

長崎一帯の上空はくもっていた。敵影は視界になかったが、長崎から上がってきた不気味な雲が判然と見えた。藤本曹長にとって、広島に続いて空中で見る二度目の原子雲だ。近寄りはせず、今回も戦隊本部から受けた緊急着陸命令に従い、西尾機に続いて降下した。

大村基地の裏山でいこう第三四三航空隊・戦闘第四〇七飛行隊付の本田稔飛曹長と来本昭吉飛長。飛曹長は2つの原子雲を視認し、飛長はこの山で長崎からわき上がる雲（上写真）を見た。

三四三空・戦闘四〇七の本田飛曹長も、両方の原爆を実感した一人だ。大村基地の食堂で食事中に、すさまじい音とともに、衝撃波を受けたガラス窓が激しく揺れた。

飛曹長の列機を務めるフィリピン帰りの来《く》本《もと》正吉飛長は、基地の裏山にいた。降下するパラシュート（大気の状況の変化を計測するラジオゾンデを懸吊《けんちょう》）を基地の裏山から見て、「落下傘が落ちてきたぞ」「なんだ、ありゃ？」と言い合っているうちに、原爆の爆発によって二〇キロ先の長崎方面の一帯が真っ赤に染まった。

搭乗員の体力維持をはかって、大村基地付近の山へ行軍した三四三空・戦闘三〇一の面々。山腹を登っているとピカッと光り、少し遅れてズーンと爆発音が耳を打った。その後に田中弘中尉の目に映ったのは、頂部がピンク色の原子雲である。これほど距離があるのに、衝撃波の風がはっきり感じられ、服の裾《すそ》がなびいた。

三四三空整備隊付の整備士官・小室秀雄中尉は、天候偵察機が接近したさいの午前七時五十分に発令された空襲警報が、警戒警報に軟化したのを知ってやや安堵《あんど》した。それから二時間半。高空をB－29二機が間隔をおいて、南南西の長崎方向へ向かうのを目撃ののち指揮所に入ったところで、強い光と強烈な音を感じ、艦砲射撃かと思いつつ皆で防空壕へ走った。

大村は本来の〝家主〟の三五二空の基地でもあった。所属する夜間戦闘機隊・戦闘九〇二の「月光」操縦員の中平和男二飛曹は、B－29来襲情報により「上がらねば」と準備にかかったが、取りやめの指令が出された。一服中に指揮所の衛兵が来て「敵機はいま長崎上空を旋回中です」と告げる。言い終わったときフラッシュを焚《た》いたような光に襲われ、広島を直感してあわてて大型の防空壕にとびこんだ。

「B－29、離脱」の情報で、中平二飛曹たちは外に出て、内部が灼熱色の雲がゆっくり上がっていくのを見た。「陸軍がなにかを撃ち上げたのか」「長崎のガスタンクの爆発か」「広島と同じ特殊爆弾では」と話し合った。

沖縄からの小型機、中型機の空襲を避けて、三五二空は整備作業を森の中で進めていた。半裸になった整備部の松元孝男中尉が零戦のぐあいを見ていると、鋭い光が走った。

「こんなところで電気溶接か?」「いえ、やっていません」

部下と問答するうちに轟音《ごうおん》がとどろいた。「もくもくと大きな煙が上がっています」と監視の兵が伝えてくる。「大きな煙」はもちろん原子雲だ。広島と同じ爆弾と思った松元中尉は、部下たちにシャツの着用を命じると司令部へ向かった。

原爆搭載機をどう落とす?

大村基地から三四三空と三五二空の隊員が、長崎の被爆/被曝《ひばく》民間人の救助に向かった。助けた人々を大村の海軍病院へ運ぶのだ。

有蓋《ゆうがい》貨車の中に積み上げてある、被爆時に衣服がはがれた裸の遺体。そのなかには、ひどい火傷《やけど》を負いながらも、まだ生きている人がいた。二十数名の指揮をとる戦闘四〇七の本田飛曹長は、酷《むご》いありさまを見て「この世の地獄だ」と唇《くちびる》を噛み、夕方までの二〜三時間を使って負傷者の病院への搬送に努めた。

転勤で七月初めに大陸・上海の中支空《ちゅうし》に着任した士官操縦員の郷里は広島市で、夫人が留まっていた。いったん発令された警戒警報が解除されたのちに、強烈な光が輝いたため床下にもぐる。間《ま》を置いて、強い爆風が吹いた。異変が収まったのち、破壊された街中《まちなか》に出た夫人は残留放射能を浴び、後年に症状が肝臓に現われる。

上海で「広島は十里（約四〇キロ）四方が焼け野ガ原だ」と聞いた士官操縦員は、夫人の身を案じるとともに、やがて日本人の多くがこの苦難に直面するだろうと心痛を覚えた。

このころには各部隊で原爆を、新型爆弾、特殊爆弾、落下傘爆弾（傘はラジオゾンデ用だが、原爆を吊下していると考えられた）と呼ぶようになっていた。長崎に続く三発目の被害を防ぐ対策は必須の要件であり、B－29が投下するからには、阻止するのが戦闘機部隊の役目だとみなし、みなされるのが当然だった。

関東を防空する第十飛行師団の司令部では、広島被爆後さほど時間を要さずに原爆と知り、東京への投弾を強く警戒した。軽量化した戦闘機で、高空のB－29への体当たりをめざした震天制空隊（師団長命令で編成。隷下《れいか》の各戦隊に八機ずつ）は、来襲高度の低下によって解散していたが、単機または少数機で侵入する原爆機に対し、ふたたび激突戦法での必墜策をとる方向へ傾いていた。うまく機関砲で止《とど》めを刺せたとしても、墜落までに投下されてしまう。激しい衝撃を一気に加えて、速やかにB－29を崩壊させる必要があるからだ。

つぎにねらわれるのは東京との情報が、千葉県藤ヶ谷飛行場の飛行第五十三戦隊に伝えら

清洲飛行場の飛行第五戦隊にとって原爆搭載機への攻撃手段は、五式一型戦闘機を用いる体当たり特攻戦法と決定した。

れたのは、長崎被爆のあとだ。夜間来襲の可能性もあるため「一晩中、警戒せよ」との命令を受けた、第三飛行隊（さざなみ隊）長の佐々《さっさ》利夫大尉は、一時間ずつ交代で四機編隊による夜間警戒飛行を行なうよう処置した。

関西・中京の防空をになう第十一飛行師団（中京は下部組織の第二十三飛行団が担当）司令部の隷下戦隊には、それまで空対空の特攻隊の編成命令は出されていなかった。だが、原爆機への体当たりについては採択されたようである。

最新鋭機の五式戦をそろえ、原爆投下をはさんで大阪府佐野から愛知県小牧に移動した飛行第百十一戦隊。大隊長を務める率先垂範タイプの檜与平《ひのきよへい》少佐は、自身の体当たり攻撃も受け入れて、部下とともに準備にかかった。

同じ愛知県の清洲《きよす》飛行場に五式戦で待機する飛行第五戦隊では、長崎の被爆状況が判明した八月十一日、二十三飛団司令部から「中京地区に侵入する単機または少数機のＢ－29は、体当たり攻撃により撃墜すべし」の命令を受けた。

体当たり用に六機ずつの三個隊を編成し、昼間の六時間を二機が二時間交代で、高高度を哨戒する。第三攻撃隊長（三中隊長）の伊藤藤太郎大尉も一隊の指揮を命じられ、十二日に出撃待機して「最後のご奉公」と覚悟を決めたが、敵機は来なかった。

海軍戦闘機隊も体当たり

広島の被害が尋常でないと判明して海軍の戦闘機部隊でも急遽《きゅうきょ》、単機または少数機で来襲のＢ－29に対する必墜策が望まれた。

陸軍に比べ、正式編成の空対空特攻隊は全戦域において、四発重爆（Ｂ－24）を目標とするフィリピンでの一例だけしかなかった海軍航空でも、背に腹は代えられず、原爆搭載機に対して体当たりの特殊戦法を決めた部隊があいついだ。軍令部や航空艦隊司令部からの、上意下達《じょういかたつ》の命令だったかは判然としない。

前述の二〇三空・岩国派遣隊は訓練が主体の零戦隊なので、単機侵入のＢ－29は偵察目的だからと放置していたが、一変して「単機のＢ－29を認めたら体当たりせよ」との命令が出された。交戦を控えさせられていた隊員たちは、特攻戦法への転換で逆に気合が入り出し、まもなく長崎の被爆があったため「こんど来たら、すぐに上がってぶつけるんだ」と覚悟を固め合った。

同じ二〇三空でも、福岡県の築城基地にいた指揮下部隊の戦闘三〇九飛行隊。沖縄から来襲するB－24重爆やA－20双発攻撃機への攻撃は控えられ、訓練しつつ本土決戦用の温存策を続けていた。広島被爆の翌日、分隊長を務める大井清弥《せいや》中尉は、飛行隊長の松村日出男大尉から「単機か少数機のB－29が来たら出動だ。やつらが落とした落下傘爆弾を見つけたら、それに体当たりするよう命令が出たぞ」と伝えられた。

生命および零戦を爆弾と交換する特攻攻撃は納得しにくいが、多数の同朋《どうほう》の死傷をはばむためなら、いやとは言えない。自分の出動時にそうした事態に至れば、突入するだけと大井中尉は覚悟した。

やはり築城で二〇三空の指揮下にあった戦闘三一二飛行隊でも、「威力が大きな特殊爆弾だから、単機で来たときは体当たりせよ。編隊の場合は通常攻撃でいいが」との命令が出た。その後、敗戦までに周辺空域に単独で飛来した敵機は報じられなかった。

できたての「紫電改」で、広島から立ち昇った原子雲の上空を飛んだ本田飛曹長は、三四三空の飛行長・志賀淑雄《よしお》少佐から「こんどまた特殊爆弾のB－29が来たら、司令（源田実大佐）と二機で体当たり攻撃をやってくれないか」と切り出された。

つねに戦死を覚悟の空戦に身を投じる飛曹長も、特攻戦法には当初から反対だったが、あの惨状をくり返さないためには、体当たりが非常に有効なのは間違いない。B－29とは何度か手合わせしており、直上方攻撃のかたちでぶつけるなら成功させる自信があった。

零戦五二丙型の主翼下に付けた、空対空用の仮称三式六番二十七号爆弾一型。B−29よりも低速な機で、昼間に100メートルまで近づくのは難題そのもの。

耐弾装備が充分なB－29は、二〇ミリ弾で墜落させるまでに時間がかかり、その間に新型爆弾を投下されてしまう。これを防ぐには一発必墜の強力火器が必要である。兵庫県鳴尾《なるお》飛行場の三三二空に持ちこまれたのは、仮称三式六番二十七号爆弾一型。空対空親子式爆弾の六番（実重量は六七キロ）三号爆弾を、ロケット弾化した射撃兵器だった。

六番二十七号爆弾は、一発六七グラムの弾子《だんし》（小型弾。黄燐四グラムを含む）一三五個を内蔵する。推薬の燃焼時間は〇・四秒で、その飛翔距離が七六メートル。距離一〇〇メートルで発射すれば、B-29の手前で弾殻《だんかく》が割れて弾子が散開し炸裂、ごく短時間に墜落または分解させる可能性を期待された。

発射用のレールを両翼下に一本ずつ付けた二機の零戦（五二丙型または六三型）に、酒村繁雄上飛曹と士官が搭乗し、単機での飛来が報告されたB-29をめざして離陸する。ところが酒村機は高度七〇〇〇メートルでエンジンが停止し、再発動はかなわなかった。下方に見える鳴尾基地に滑空で降りるには、機を軽くせねばならない。

長駆追撃できるように、燃料は満載にしてあった。まず増槽を切り離し、機銃弾を全弾撃ち放つ。二発で一三〇キロを超える爆弾も投棄したかったが、電気発射だからエンジン停止中の作動は不可能だ。

機を失速におちいらせない速い降下。急テンポで飛行場が迫る。手動で脚は出たが、フラップが故障で開かない。隣接する川西航空機の側から、重い機体で高速着陸にかかった。速度計を見るゆとりなどない。接地滑走中にブレーキを踏むと、零戦は右旋回を続けて停止。さいわい脚は折れず、分隊長の中島孝平大尉から「お前、よく降りたね」とねぎらわれた。

このときのB-29は原爆搭載機ではなく、偵察機型のF-13らしかった。二十七号爆弾で原爆投下前のB-29を襲うのは、命中時に与えるダメージは不明ながら、一考の余地はあるだろう。ただし〝身重《みおも》〟の飛行機で、きわどい接近を要する点が難題と言えた。

新たな防空壕と敗戦意識

長崎のつぎにどこに原爆が落ちるかは当然、軍にとって重大な関心事だった。強烈な熱線と衝撃波を受ければ、隊員は死傷し、機材も施設も壊れてしまう。直撃なら手の施しようはないが、最小限の対策が考えられ実行された。

長崎被爆のあと藤ヶ谷の飛行第五十三戦隊で、既存の防空壕とは別に、新型爆弾用の壕を造成する話が隊員のあいだに交わされた。だがこれは噂《うわさ》で、実際に着手されはしなかった。新型爆弾について五十三戦隊には原爆の呼称は伝わらず、ウラン爆弾をもじったらしく「恨《うら》み爆弾」と呼ばれ、日本軍にも同様の爆弾があるとの架空譚《かくうたん》が流れた。

出撃をかさねB－29三機撃墜を記録した、第二飛行隊（こんごう隊）の中垣秋男軍曹をはじめ、隊員の主体は敗戦を予感せず、士気とムードは以前と同じで原爆の影響はとくになかったようだ。また中垣軍曹は、原爆搭載機への体当たり命令を耳にしていない。

琵琶湖岸の大津空では、実際に対原爆用の防空壕造りを開始した。北西へ数キロ離れた比《ひ》叡山《えいざん》に、隊員、練習生、関係者など合計三五〇〇人の総員が入れる大規模な壕で、資材の手配を開始。総出での土木作業に取りかかった。

築城の二〇三空・戦闘三〇九飛行隊でも、基地から北東へ四キロほど離れた山すその宿舎近くに防空壕を掘った。搭乗員も加えての隊の限られた労力を用いるため、コンクリートの強固な構造などは望めず、原爆の衝撃波に対する防護よりも、通常爆弾の炸裂、爆風からの避難の感が強かった。

四式戦を装備した飛行第一戦隊は、フィリピン決戦で戦力を喪失して帰り、埼玉県の高萩飛行場で訓練しつつ本土決戦に備えていた。機材は定数を大きく割りこみ、燃料の不足も顕著で、中川原金一《かねかず》少尉たち学生あがりの飛行訓練は、三〜五日に一回でしかなかった。これでは技量の向上どころか、維持すらままならない。

こんな状態のところに、新型爆弾を受けた情報が入ってきた。恐るべき兵器の投下に、対抗する手立てを思い付かない中川原少尉は「もう勝てる見こみはなかろう」と思わざるを得なかった。

陸軍航空の試作機器材をテストする東京都下・福生《ふっさ》の航空審査部・飛行実験部。部員で四式戦の整備班をひきいる新見《にいみ》市郎少佐は、加藤軍神で有名な飛行第六十四戦隊でも飛行実験部でも、率先して動力や機体のメカニズムの難題にあたってきた。

六日の広島被爆時に第十六飛行団司令部（四式戦の飛行第五十一、第五十二戦隊が隷属）

付の転属辞令が出ており、九日の長崎被爆は、飛行団が展開する茨城県下館飛行場に着任してまもなくのころだ。マリアナ諸島からの東京空襲が始まった前年の十一月、「これは勝てないぞ」と暗い予想に襲われた新見少佐に、「負ける」と落胆させたのが「両市へ落ちたのは、どえらい爆弾だ」という知らせだった。

本稿の冒頭、イントロに続いて登場願うのは、飛行実験部の林武臣准尉。十八年の秋に新型爆弾の激烈な威力を話して、坂井少佐から「流言飛語」だと諌《いさ》められた。被爆後まもなくの広島の上空を、ターボ過給機装備の百式四型司令部偵察機で飛んで、福生に帰還したベテランの鈴木金三郎少尉が「ホウキで掃《は》いたように、なにもありません」と報告した。これを聞いた坂井少佐は自分の非を認め、「林、あのときの原子爆弾の話は本当だったんだな」と謝った。

大分県戸次《とつぎ》で一七一空（「彩雲」を装備の偵察第一一飛行隊が所属）付の整備分隊長を務める榎本哲《さとし》大尉は、東京へ向けて復員途上の八月二十日、大発（動力付きの大型ボート）で瀬戸内海を航行し、広島市に上陸して市内を歩いた。まだ一部市民の遺体が、置かれたままになっていた。

建物がすべて吹き飛ばされて、かなたの山並みがそっくり見わたせる。想像を絶する破壊の跡。「すごい爆風だったのだ！」と、榎本大尉は驚嘆を隠せなかった。

ラジオから流れた終戦の詔勅で、国民は天皇の声を初めて聴いた。そのなかで「敵ハ新《アラタ》ニ残虐《ザンギャク》ナル爆弾ヲ使用シテ」とあるのが原爆だ。

もし日本の降伏が八月十五日になされなかったら、米側が三発目の原爆（プルトニウムを使用）投下計画を推進し、八月下旬のうちに実行された可能性がある。日本戦闘機の体当り主体の撃墜は困難至極だったに違いなく、二発による酷《むご》さをきわめた惨状を思えば、三発目を回避に至らせた敗戦の決断は至当であり、この結論を受け入れない者はあるまい。

一九四四年（昭和十九年）を迎えて、日本だけが標的に定められたのには、ドイツ側が原爆を開発する可能性の消滅、ヨーロッパ戦線の終局時期などの理由があげられている。確かにそれらが主因ではあっても、人種の差別感はいささかも介入しなかったのかと、問いたい気持ちが筆者の内心につねに存在するのだ。

あとがき

高速偵察機、輸送機、連絡機、練習機をのぞく、交戦を前提に作られた攻撃用機。戦闘機や爆撃機を筆頭に、たいていの攻撃用機は射撃、爆撃、雷撃などのための照準器（陸軍は照準具と呼ぶ）を備えている。光像式にしろ鏡筒式眼鏡式にしろ、あるいは金属部品に目盛りや目安のバーを付加したタイプにしろ、弾丸や爆弾、魚雷を目標に向かって放つには、まず機を好位置に持っていき（これがひどく難儀なのだが）、照準器でねらいを定め、発射のボタンやレバーを操作する。

設計者、生産者が心血を注いで作り上げた機器材、その飛行機と装備兵器を万全に保つ整備関係者、そして敵に向け突入するパイロット以下の搭乗クルー。彼らの練磨、彼らの努力は狭義の航空戦においては、まさしくこの一瞬のために存在した。

発射された弾丸、爆弾は弾道を、魚雷は雷道を描いて、敵機、敵陣、敵艦に迫る。過《あやま》たぬ照準が命中と破壊をもたらし、敵戦力の減耗が戦況の優勢、戦局の好転につながる。どれほど雄大な戦略、巧妙な戦術を抱いていようとも、個々の戦場での具体的勝利がともなわなくては、画餅でしかない。

敵戦力の減耗に直結する照準の成功。それをめざして弛《たゆ》まず日常を送っても、なお成功は望みにくく、失敗を避けがたい。数々の失敗の原因は、作戦立案者、兵力運用者、実戦参加将兵、兵器開発・供給組織などのいずこにあったのか。

ここに陸海軍航空部隊と隊員の、戦闘および訓練の実情を示す九編を取り上げた。照準し弾道を生む第一線機が主体だが、ひよわな練習機を使って、初期の訓練に終始した組織の実情もふくまれている。来たるべきパイロットたる若者たちが、参戦し戦死するのと紙一重の状態に置かれて、彼らの身体が照準器を兼ね、爆弾とともに弾道をなす行動につながる可能性が高い事態であったからだ。

照準に関連を持たせた各編のなかで紹介した、日本航空兵力がたずさえる長所と短所、誇るべきと捨て去るべき事象。これらがもたらした結果を判読し、どのような経過が望まれるべきだったのかを見出していただければ、著者の願いは充分にかなうのである。

〔ハイティーンが見た乙戦隊〕
掲載誌＝「航空ファン」二〇一四年十一月号

難物の局地戦闘機「雷電」を最多数そろえた部隊が第三〇二航空隊だが、より多岐に用いたのは第三五二航空隊だった。

士官操縦員に十三期予学出身者を多用。空対空の三号爆弾を搭載。幹部の固有機の胴体に大きなイナズマを塗装。士官と下士官兵の垣根なき交流。細かく探せばもっとあるけれども、これらは内地の「雷電」装備部隊のうちで、三五二空・乙戦隊だけに存在した特徴である。

取材をお願いした平成九年（一九九七年）、松尾慶一さんは七十一歳。記憶力にすぐれ、五〇年あまり前の「雷電」搭乗のころを、まるで先月にあった出来事のように語ってくれた。多様な質問へのすばやいレスポンス。難物機をぐんぐん乗りこなしていった十代の若さはさぞや、と如実に感じられた。

彼自身についてばかりでなく、上官や同僚の思い出もクリアーで、いろいろなエピソードを紹介してくれるのに、暗い話がいっこうに出てこない。感銘を受けたのが、分隊長だった青木義博中尉の体調に関するやりとりだ。航空神経症的なハンディに苦しみながら飛行作業を続ける分隊長を、言葉と姿勢で支えようとする松尾飛長の真剣な態度、対応には、感心しないではいられない。

ほかに数名の回想を加えて、稿を練り上げた。書き終えて、もし「雷電」搭乗を命じられたらどこの部隊へ行くか、を自らに問うてみた。こんな試みは、ふだん滅多にしない。「三五二空だな」と、われながら自然に回答が湧いてきたのだった。

〔敵国から凱旋〕

掲載誌＝「航空ファン」一九九六年三月号

平成三〜四年のころか、電話の相手、古い友人の深尾正行君が突然「うちへアルバイトに来ている高校生の、おじいさんが飛行機乗りで、マレー沖海戦に参加したそうだ。話を聞いてみたら?」と言い出した。

マレー沖海戦の経験者なら搭乗期間も長く、得がたい回想を聞けるだろう。深尾君の父親は長らく海軍ですごした特務士官だったから、彼も耳学問で「陸上攻撃機がイギリス戦艦を沈めた空海戦」は知識のうちにあった。ただ、畏友《いゆう》・深尾君の性格が問題だ。

彼は青春時代から一五年間、パチンコ、コマーシャル・フィルムの業界で働き、後半は監督を任され名作CFも作っている。パチンコ、麻雀に熱中はいいとして、職業がら(?)か、大ボラを吹く癖《くせ》がある。私にとってはここが問題なのだ。

ガセネタではなかろうか。半面、一八〇度の転職で、プラスチック部品工場を手堅く経営し成功しているから、ホラのラッパは鳴り止んだ可能性も少なくはあるまい。

雑事にまぎれて三年ほど。思い出して、深尾君に連絡し、その人が横山さんだと教えてもらった。マレー沖海戦参加部隊の搭乗割を調べていくと、美幌航空隊の主偵察員の欄《らん》に、上飛曹・横山一吉の官姓名が確かにあった。

取材を申し込んだとき明朗かつ沈着な返事を耳にして、中身の濃い述懐を聞けると直感したが、実際の内容の深さは予想をはるかに上まわった。

主題を固めるためインタビューした近藤義宣さん、蔵増実佳さんも、タイプは異なるが、全幅の信頼を置ける証言者だった。

文中、横山さんの記憶との違いが一ヵ所だけある。昭和十八年五月十四日、落ちゆく西岡少佐機の中でチャートを振ったのは幡野上飛曹とのことだが、この日の行動調書には主《メイン》の偵察員が沢谷上飛曹とあるため、そのように書いた。出動メンバーの飛行状況を記した行動調書には、ちょくちょく誤記が見受けられるから、西岡ペアについて横山さんの記憶が正しい可能性は無論ある。

〔去りゆく水戦〕

掲載誌＝「航空情報」一九八二年三月号

思い出の歌手・坂本九ちゃんも歌っていた。タイミングが肝心なのだ、と。こと恋愛に関してだけでなく、血なまぐさい戦争や兵器についても、これは共通の真理だろう。

兵器の場合、汎用《はんよう》性が少ない特殊なものほど、使用時の効果がタイミングの良否にかかってくる。その一典型が水上戦闘機だ。

制空権を確保しやすい勝ち戦のあいだに、タイムリーに前線に投入すれば、それなりの活躍を期待できるが、五分五分の戦況に変わり敵戦闘機の準備が整ってからでは、好餌に堕《だ》してしまいかねない。有効に使える時期は、ごくわずかなのだ。

日本海軍の体質から、単一目的で作った本格水戦の「強風」は、実用化が一年早ければそれなりの戦場を得て、ある程度の成果を収められただろう。しかし、この手の機材の設計に必要なのは「間に合わせ」の精神で、過度の思い入れは禁物だった。

出現の遅れでタイミングを失した「強風」は、一〇〇機ちかくも作られながら、ほとんど何の役にも立たなかった。そうして、ただ残されたのは、こんな飛行機を戦闘機として使わねばならなかった搭乗員たちの苦しい敢闘の記録と、「紫電改」を生む母体になった開発技術経過の、二点だけである。

〔大艇、多難のとき〕
掲載誌＝「航空ファン」一九九九年八月号
海軍航空本部の嘱託を務め、横須賀航空隊で勤務した山下俊さん。もともと飛行機が好きだから、横空での勤務は趣味と実益を兼ねていた。
山下さんは戦後も高度な飛行機ファンのまま、知識を求める姿勢を変えなかった。敗戦から五〇年後の平成七年に、かつて横空で見た飛行艇搭乗員の慰霊祭通知について、超ベテラン操縦員だった金子英郎さんに電話で質問し、そのメモのコピーを筆者に送ってくれた。

もう少し枝葉を加えれば短編を書ける、と考えて、まもなく金子さんの住居をたずねた。前もって夫人から教えられたとおり、物忘れが進んで判断力に支障が感じられたけれども、質問のいくつかには驚くほど明確な答えが返ってきた。

ぜひ金子さんに読んでもらおうと、原稿を書き急ぐ私に、彼から五〜六度電話がかかってきた。話す内容は同じで、航空とは無関係の写真の人物説明と、二式飛行艇のポーポイズ試験は彼自身が操縦を担当した、という二点だった。

重要なのはもちろん後者だ。話しぶりに、金子さんの憤《いきどお》りと切実な願いがこめられているのが、強く感じられた。別の人物が、そのテストを自分がやったと虚偽の証言をしている。「正してもらえませんか」と頼むのである。金子さんの手柄《てがら》を盗《と》った者の名から、事情の実際が私にはほぼ正確に推定できた。

原稿の締切が迫っていたので、とりあえず金子さんがテスト操縦の担当操縦員なのを明記しておいた。掲載の月刊誌が六月下旬にできて、夫人から病室で見せた旨《むね》の返事があったが、翌月に亡くなられた。実情の詳述はかなわなかったけれども、生存中に目を通してもらえたのが、せめてもの取材のお礼になった。

〔「流星」の名のごとく〕
掲載誌＝「航空ファン」一九九九年三月号

「流星」の偵察員で機長を務めた予備学生出身の山木勲さんは、平成二年の夏に逝去されていたため、それから五年ののち、私は夫人に面談をお願いした。半生につれ添って、ある意味では戦時中よりもつらい年月を送る山木さんを支え続けたのだ。彼の苦しみがわがことのように分かり、夫人の心労もよく理解できた。

苦痛の原因を作った、敗戦の日に特攻隊を出した発令者は、さしたる反省もなく戦後の人生をゆるやかに送り、なんら責任のない人々が後遺症に悩まねばならないケースは、多々あったに違いない。山木中尉の戦後をかならず書かねば、と決意して、機会が巡ってくるのを待った。

執筆が決まったのは三年あまりのち。飛行機ファンに読んでもらうためには、背景をなす「流星」装備飛行隊の実情描写が不可欠だ。二〇年ちかく前にたずねた数名の元隊員への取材では不充分なので、あらたに搭乗、整備両方の方々に助力を願った。

進撃をやめなかった縄田准二一飛曹の兄・良一さんの心境にも、山木さんとは別のかたちの苦しさがまつわり、消えなかっただろうとの思いが残っている。

今回の改訂で、「流星改」と記した多くを「流星」一一型に、追浜基地を横須賀基地に改めた。制式採用後の「流星」が一一型であったのと、戦中派の隊員はたいてい追浜よりも横須賀の呼称を用いたからだ。

〔教え、かつ戦った訓練部隊〕

掲載誌＝「航空情報」一九九〇年九月号

この短編を書こうと思った理由は、記事の冒頭に述べたとおりだ。

もう少し細かく説明すると、第一錬成飛行隊で訓練を受けた操縦者要員だった一人から昭和五十一年（一九七六年）に、事実とは異なる内容を伝えられた著者が、必要な最低限の調査、検証を実行せずに、二度、三度と活字にしてしまった。

それから一五年近くのちに、かつて同じ部隊にいた井田正造さんから誤記を指摘され、あわてて取材を進めた結果、かの回想談話が虚偽だったと判明。過去の拙作を打ち消すために、一錬飛の通史をまとめ上げたのだ。

時間の経過につれて、確固たる証言は減っていく。軍航空に関する諸事も例外であるはずはない。できるかぎり誤りがない記述に努めたうえで、もし事実との相違が分かれば、速やかに発表、訂正する機会を得るよう自身に義務づけねば、と心した。

戦後すでに七〇年をこえて、当事者の数と表現能力が激減したいま、この種の改訂作業はもう不可能になりつつある。真偽のほど定かならぬ記録や数字が、必要以上に珍重される時代に入ってしまったのだ。

〔受傷をこえて〕

掲載誌＝「航空ファン」二〇〇二年二月号

昭和五十五年の秋に刊行した本土防空戦の写真集に、二式戦闘機を背に立つ飛行第七十戦隊の操縦者たちの、プロが撮ったとすぐに分かる、いい構図の一葉を載せた（本書一九四ページと同じもの）。この写真の所有者は「雑誌社のカメラマンが撮影したが、敗戦のため掲載号は出ませんでした」と話し、自分をふくめ六名の姓名と階級をすらすらと答えてくれたが、「右はしの人の名は思い出せない」と付け加えた。

写真集が出てかなりたったころ、「不明と書いてあるのは私です」とかんたんに説明した手紙が届いた。

差出人の西川正夫さんに、ちゃんと話を聞きたくて電話したのは、さらに時間をへた平成四年のなかばだ。部隊での勤務状況をうかがったなかに、着陸事故で半年ちかく入院との言葉があったが、この件について特に深く訊《たず》ねはしなかった。ただ、あの写真の所有者が西川さんの名を忘れた理由が分かった。彼の在隊期間がとりわけ短かったからだ。

それから八年半のあいだ、七十戦隊史を綴《つづ》るつもりで資料借用を頼むなど、数回の手紙を送って、いずれもていねいな対応を得られた。

「やがては戦隊史を書かねば」と、どちらかといえば漫然と考えていたところへ、平成十三年二月に西川さんから、着陸事故と入院の実情を簡略に記した手記が届けられた。私にとって未聞《みもん》の分野の顚末《てんまつ》であり、執筆意識が急に高まって心境は一変。すぐ再インタビューを依頼し、了解を得た。

同時に、同じ部隊にいた同期生二名への取材に着手する。重い戦傷を克服した三浦一夫さんからは、西川さんの側面のほか、得がたい体験談と操縦者の覚悟を伝えられた。すでに物故された平原三郎氏については、子息の宗生さんと実兄の三谷定夫さんの談話で、生前のようすがある程度は判明した。

ぐうたらな私の性分ゆえに、最初に連絡をもらってから二〇年ちかい歳月ののちに、特異な体験がようやく記事にまとまった。刊行されるまでにそれだけの年月が必要だったのだ、と自己弁護するしかない。

〔「ユングマン」の満州〕

掲載誌＝「航空ファン」一九九九年四、七月号

例によって犬猿の仲の陸軍と海軍が、それぞれの受注会社にドイツから別々にライセンス生産権を買わせ、作らせて制式兵器に採用した軽飛行機が、「ユングマン」と呼ばれた四式練習機（陸軍）あるいは二式基本練習機（海軍）だ。

小柄な日本人にとってすらミニサイズのこの練習機は、吹けば飛ぶような機体のせいか、飛行機ファンにも軽視されていたらしい。国内生産の状況の正確な記録が市販の文献になく、

使用状況に関してはほとんど分からないまま、敗戦から半世紀がすぎてしまった。

私の場合、こちらから電話、手紙で申しこむのが取材の始まりだが、ときおり未知の軍航空関係者から連絡をもらい、話の内容が興味ぶかくて執筆を決める場合がある。平成七年の初めに関根雅美さんからの電話を受けたときがこれだった。

満州で「ユングマン」の教官を務めた関根さんの、経歴には関心を抱いたが、取材を躊躇《ちゆうちよ》させる理由があった。

取材にかかるべきではない条件を、自分なりに決めている。主として相手側の迷惑を考えてのものだ。その一つに、自宅と被取材者の住まいがごく近い場合、というのがある。私にあれこれ話したために変な噂を立てられる心配、買い物や散歩でなんども出くわして感じる気まずさ、などマイナス要因がいくつかあげられる。

当時、関根さんのお宅と、仮住まいのわが家とは、歩いて一〇分あまりの距離。当然、べからず条件に当てはまる。これはやめるべきか、と考えが固まりかけたとき、二度目の電話があって、彼のよく通る力強い声が打ち砕いた。この声の持ち主なら、懸念《けねん》される迷惑など眼中にないように思われた。

予感は正鵠《せいこく》を射ていた。談話内容が大変よかったうえに、家の近さの弊害をまったく意に介さない雰囲気だったのだ。事実、両家（拙宅はほどなく引っ越して徒歩二〇分ほどに変わった）のあいだを互いに四～五度ずつ往復して、原稿の進行に協力してもらった。

関根さんの力添えでもう一つありがたかったのは、初めの電話から四年後に記事を書くさい、満州での機材運用、訓練のありさまを的確に語れる人々を、あいついで紹介してくれた厚意だ。それは彼の優れた人格の表われにほかならないが、訪問しやすく意思の疎通《そつう》が容易になるという点で、家の近さも逆にプラスに作用していたのかも知れない。

〔原子爆弾への対応〕

掲載誌＝「航空ファン」二〇一五年七月号

原子爆弾のすさまじい破壊力は、日本の継戦意欲をむしり取った。この点に異論を持ちこむ人はまずいないだろう。もし原爆が炸裂しなかったら、ソ連の参戦があっても降伏はしばらく先へ延びたのではないか。

原爆が使用可能状態にいたった事実を、日本軍はきちんと理解していなかった。広島が被爆してからのうろたえぶり、打つ手のなさが、雄弁にそれを物語る。未曾有《みぞう》の殺戮《さつりく》手段を運んでくるB－29を、確実に落とせる通常兵器は日本にありはしなかった。

新兵器はもとより、まともな余力すらもう残っていない陸海軍にとって、唯一使えそうなのは、またしても特攻戦法だった。機銃や機関砲で致命傷を与えるまでには相当の時間を要し、その間にB－29は原爆を目標へ向けて放つだろう。それを避けるため、体当たりで一気に破壊し去るのだ。

ここでも高級将校や部隊幹部による、若いパイロットたちへの必死命令がくり返され、戦闘機が高空へ上がっていく。そして、おそらくどの機も未遂に終わるだろう。三発目、四発目が投下されるころには護衛戦闘機が随伴して、邀撃機《ようげき》は返り討ちに遭《あ》うかも知れない。地上は残虐の極みを呈するに違いない。

原爆の実用についてつぶさに記述するには、惨状を招いた日本側の責任の追及、投下を決定したアメリカ政府の意思指弾が欠かせない。それらを周到に調査し、偏《かたよ》りなく考察する時期が、とうに来ていていいはずなのだ。

NF文庫七冊目の短篇集は、比較的バラエティーに富んでいる。いずれも空の闘いの断片で、そのうえ戦争後半の苦闘を選んでいるため、日本の航空戦を俯瞰《ふかん》した全体像からは遠いけれども、戦闘の実相、練磨のきびしさを知れるのではないか。

本書の内容を整えられたのは、藤井利郎さん、小野塚康弘さんの編集力と各種配慮のおかげと思う。二人三脚で自分の意思を表せられる充実の状態を、ありがたく感じている。

二〇一六年二月　　　　渡辺洋二

NF文庫

敵機に照準

二〇一六年五月十四日　印刷
二〇一六年五月二十日　発行

著　者　渡辺洋二
発行者　高城直一
発行所　株式会社　潮書房光人社
〒102-0073　東京都千代田区九段北一-九-十一
振替／〇〇一七〇-六-五四六九三
電話／〇三-三二六五-一八六四㈹
印刷所　モリモト印刷株式会社
製本所　東　京　美　術　紙　工
定価はカバーに表示してあります
乱丁・落丁のものはお取りかえ
致します。本文は中性紙を使用

ISBN978-4-7698-2945-4　C0195
http://www.kojinsha.co.jp

NF文庫

刊行のことば

第二次世界大戦の戦火が熄《や》んで五〇年——その間、小社は夥しい数の戦争の記録を渉猟し、発掘し、常に公正なる立場を貫いて書誌とし、大方の絶讃を博して今日に及ぶが、その源は、散華された世代への熱き思い入れであり、同時に、その記録を誌して平和の礎とし、後世に伝えんとするにある。

小社の出版物は、戦記、伝記、文学、エッセイ、写真集、その他、すでに一、〇〇〇点を越え、加えて戦後五〇年になんなんとするを契機として、「光人社NF（ノンフィクション）文庫」を創刊して、読者諸賢の熱烈要望におこたえする次第である。人生のバイブルとして、心弱きときの活性の糧《かて》として、散華の世代からの感動の肉声に、あなたもぜひ、耳を傾けて下さい。

＊潮書房光人社が贈る勇気と感動を伝える人生のバイブル＊

ＮＦ文庫

最後の震洋特攻
林えいだい

黒潮の夏 過酷な青春

昭和二十年八月十六日の出撃命令——一一一人はなぜ爆死しなければならなかったのか。兵士たちの無念の思いをつむぐ感動作。

辺にこそ 死なめ
松山善三

戦争小説集

女優・高峰秀子の夫であり、生涯で一〇〇〇本に近い脚本を書いた名シナリオライター・監督が初めて著した小説、待望の復刊。

血風二百三高地
舩坂 弘

日露戦争の命運を分けた第三軍の戦い

太平洋戦争の激戦場アンガウルから生還を成し得た著者が、日本が初めて体験した近代戦、戦死傷五万九千の旅順攻略戦を描く。

日独特殊潜水艦
大内建二

特異な発展をみせた異色の潜水艦

航空機を搭載、水中を高速で走り、陸兵を離島に運ぶ。運用上、最も有効な潜水艦の開発に挑んだ苦難の道を写真と図版で詳解。

ニューギニア砲兵隊戦記
大畠正彦

東部ニューギニア 歓喜嶺の死闘

砲兵の編成、装備、訓練、補給、戦場生活、陣地構築から息詰まる戦闘の一挙手一投足までを活写した砲兵中隊長、渾身の手記。

真珠湾攻撃作戦
森 史朗

日本は卑怯な「騙し討ち」ではなかった

各隊の攻撃記録を克明に再現し、空母六隻の全航跡をたどる。日米双方の視点から多角的にとらえたパールハーバー攻撃の全容。

＊潮書房光人社が贈る勇気と感動を伝える人生のバイブル＊

ＮＦ文庫

父・大田實海軍中将との絆
自衛隊国際貢献の嚆矢となった男の軌跡
三根明日香
「沖縄県民斯ク戦ヘリ」の電文で知られる大田中将と日本初のＰＫＯ、ペルシャ湾の掃海部隊を指揮した落合海将補の足跡を描く。

昭和の陸軍人事
大戦争を戦う組織の力を発揮する手段
藤井非三四
無謀にも長期的な人事計画がないまま大戦争に乗り出してしまった日本陸軍。その人事施策の背景を探り全体像を明らかにする。

伝説の潜水艦長
夫 板倉光馬の生涯
板倉恭子
片岡紀明
わが子の死に涙し、部下の特攻出撃に号泣する人間魚雷「回天」指揮官の真情――苛烈酷薄の裏に隠された溢れる情愛をつたえる。

アンガウル、ペリリュー戦記
玉砕を生きのびて
星 亮一
日米両軍の死闘が行なわれ一万一千余の日本兵が戦場の露と消えた二つの島。奇跡的に生還を果たした日本軍兵士の証言を綴る。

空母「瑞鶴」の生涯
不滅の名艦 栄光の航跡
豊田 穣
艦上爆撃機搭乗員として「瑞鶴」を知る直木賞作家が、艦の運命にみずからの命を託していった人たちの思いを綴った空母物語。

非情の操縦席
生死のはざまに位置して
渡辺洋二
そこには無機質な装置類が詰まり、人間性を消したパイロットが潜む。一瞬の判断が生死を分ける、過酷な宿命を描いた話題作。